“东北地区城市低碳化转型的政策模拟研究（项目批准号：41171447）”阶段性研究成果

拯救《京都议定书》

Saving Kyoto

［美］格瑞希拉·齐切尔尼斯基（Graciela Chichilnisky）
克里斯坦·希尔瑞恩（Kristen A.Sheeran） 著
李秀敏 史桂芬 译

中国财经出版传媒集团
经济科学出版社
Economic Science Press

图字：01－2016－4839

序

当我读完格瑞希拉和克里斯坦合著的《拯救〈京都议定书〉》一书的时候，首先浮现在我脑海的是“及时”两字。此时，人类正处于生死攸关的紧要关头，因为自1992年里约气候大会以来大气中新增加的温室气体迅速使气温升高至接近人类可以承受的上限。但是，如果国际社会还不能就未来的气候制度框架达成一致的话，于2009年年底举行的联合国哥本哈根气候谈判也许会和京都谈判一样喜忧参半。分歧产生的根源之一可能是各方并没有对支持还是反对《京都议定书》问题做出理性的思考。

我曾参与了从京都谈判到联合国气候框架公约第六次缔约方会议（COP6）的国际气候谈判。很遗憾，欧盟和美国没有在第六次缔约方大会上就如何执行《京都议定书》达成协议。当时，美国正处于克林顿执政的最后时期和乔治·布什竞选的最关键月份。尽管当时我不太赞同本书提到的“总量控制与交易”途径，但是，我还是尽我所能保护它的成果，至少是在前途渺茫的情况下做出了积极的努力。格瑞希拉以及她的同事，如迈克尔·格鲁勃（Michael Grubb），确实逐渐使我从碳交易机制中看到了一线希望，而此前我一直认为碳交易机制要比协调国内碳税制度复杂得多。

我理解《京都议定书》的怀疑论者，尽管他们还没有找到一个全面的又不面临明显的政治接受力问题的替代品。依我之见，主要的风险不在于对《京都议定书》的质疑和寻找它的替代品，而是这样做时忽略了它的精髓、它的整体一致性以及它表现出的深刻的政治合理性。这会使我们把时间浪费在不顾一切地试图重塑它，或者浪费在永无休止的意识形态纷争之中。

本书就是这样及时，因为它帮助我们正确理解《京都议定书》是什么，它为什么会产生，在当前环境下它是如何被接受的。它是对哥本哈根会议前后关于气候制度的各种观点的如实解读。它的最大优点就是科学地分析了全球气候变化问题，全面解释了“总量控制和交易”途径的经济、伦理与政治内涵，详尽地回顾了气候谈判的长期过程，评价了碳交易市场的现状，剖析了建立将温室气体排放控制在一定水平之下的气候制度过程中的潜在障碍。作者还分析了人类陷入如此困境的主要原因，如在贸易与环境之间做出错误选择，以及欧盟提出限制通过清洁发展机制（CDM）的碳进口——这降低了转向低碳发展道路的积极性，破坏了全球性交易的政治接受力。

正如格瑞希拉和克里斯坦所指出的，《京都议定书》需要修订。除了CDM 改革等一些技术性问题（但很重要）外，《京都议定书》的修订意味着调整其结构，使其具备应对金融危机和强化国际经济实力再平衡的特征。从某种意义上说，哥本哈根谈判是不合时宜的。“总量控制与交易”的优点就在于能够实现南北之间的财富转移，这种财富转移不是通过收入转移而是通过对不同的国家采取不同的碳排放限制实现的。但是，即使在贫富差距就是南北差距代名词的20 世纪90 年代，北方的公众舆论也普遍认为那些财富转移不是用来“出售”的。目前，正当北方富裕、南方贫穷的格局被迅速崛起为候补经济力量的中国、印度以及巴西打破之时，出售它们也被证明是很难的事情。然而，金融危机恢复了哥本哈根谈判的及时性，这也许正是第7 章的引人入胜之处。

在这种情况下，读者应该重视第7 章提出的一些观点。它先从不确定性的角度陈述了这样一个事实，即世界经济需要一些机制去树立信心和刺激能够发动世界经济可持续发展引擎的巨额投资。与碳交易市场相联系的全球新型金融机制能够促进节能减排领域的投资，同样也可以促进世界经济的可持续发展。该书建议，《京都议定书》途径可以扩展到解决其他环境问题，以便于在推进世界经济发展的同时保持生态系统的服务功能。

对于本书结尾所提出的问题——“国际社会会拯救《京都议定书》吗?”我没有答案。然而，我相信，在受到气候约束的社会里，那些真心想促进世界发展与安全的人们会从阅读建立在世界顶级经济学家之一的亲身经历的本书中获益。格瑞希拉敏锐地洞察到了气候谈判的重要性，对它充满智慧的架构做出了重要贡献，并帮助我们美欧联络小组撰写了《京都议定书》的一部分，成功地消除了大西洋两岸对“总量控制与交易”途径的误解，从而为《京都议定书》的达成铺平了道路。

吉恩-查尔斯·乌尔卡德
法国国家科学院（CNRS）研发主任
法国国际环境与发展研究中心（CIRED）主任
政府间气候变化专门委员会（IPCC）第二次和第三次评估报告的首席作者

目　录

引　言

我们生活在一个非同寻常的时代。人类已经遍布全球，并像饥饿的蝗虫一样啃食和吸吮着牧场、矿山、树木、河流、海洋以及其他物种。在这个过程中，人类正在改变地球上的大气、海洋和组成地球生命的大量生物。这种行为危及着我们赖以生存的生态系统。我们在创造出伟大技术的同时也在玷污我们的居所。当前我们面临的最大危机是我们正自毁家园。

我们可以这样来看待这个问题：当我们利用能源发动汽车或给房子供暖的时候，我们就排放了二氧化碳，这些二氧化碳改变了地球的大气层。甚至呼吸也会带来碳排放。当地球上只居住100万人口的时候，这种影响是可以忽略不计的。但是，目前有60多亿人共享着同一个地球，并且到2050年人口可能会再增加30亿。众所周知，我们每天制造的二氧化碳使我们危机四伏。我们正面临灾难性的气候变化，它将威胁地球上所有生物的生存，包括我们人类自身的生存。人类正面临着有史以来从未有过的巨大挑战。

挑战往往与机遇并存。本书的主题即是全球气候变化给人类带来的挑战与机遇。当前人类确实面临严峻的挑战，但是，如果我们能够找到解决问题的办法，未来还是充满希望的。

你也许会想，既然问题如此严重，我们应该做点什么。你是对的，我们正在做。为了阻止灾难的降临，我们达成了一个国际协议——《京都议定书》（Kyoto Protocol of the United Nations）。《京都议定书》逐个地为主要的二氧化碳排放国——工业化国家设定了二氧化碳排放的限制标准。它还建立了创新性的金融体系——碳交易市场及其清洁发展机制（CDM）。这个体系具备了减少导致气候变化的碳排放和向贫穷国家转移财富与清洁技术的双重潜能。

《京都议定书》是一个历史性的协议，它是同类国际协议的先驱。它创造了一个新型市场。作为我们的共同财产即全球公有物的大气的使用权在这个市场上得以交易。《京都议定书》的缔结经历了20年的艰辛历程，并将于2012年失效。就像灰姑娘的马车，在12点的钟声敲响的时候，它将变成一个南瓜。虽然《京都议定书》并不完美，但它却使几乎所有国家之间在减排方面实现了合作。这是一个良好的开端。然而，如果我们不立即采取行动，它就会化为乌有。那么，我们应该做些什么？并且如何才能拯救《京都议定书》呢？

首先，我们必须了解我们是怎么自食其果的。本书第1章将给出详细的说明。事实上，全球气候危机起源于工业化以来的两个世纪，并在第二次世界大战以后不断蔓延和加速。它的产生主要是由于经济发展严重依赖于化石燃料——煤炭、石油和天然气。能源是一切产品之母，任何产品的生产都离不开能源。经济发展一直依赖于廉价能源的可获得性。就当代经济而言，廉价的能源即为化石燃料。目前，化石燃料消费约占世界能源消费总量的87%。

人类过度消费化石燃料所带来的后果日益凸显。科学是全新的，而且还存在着诸多的不确定性，但是，全球气候变化带来的风险是实实在在的。冰川正在我们眼前消融。阿拉斯加的一些城镇正整个沉入融化的永冻土带或变暖的海水中[①]。根据世界卫生组织（WHO）的数据，每年因全球气候变化而死亡的人数超过15万，生病的人数超过500万[②]。全球气候变化的恶果不胜枚举。2003年西欧的热浪吞噬了3万人的生命；2004年的季风导致孟加拉国60%的国土被淹；大西洋飓风越来越频繁，强度也越来越大，如2005年的飓风卡特里娜摧毁了美国路易斯安那和密西西比两州墨西哥湾沿岸的大部分地区。

一种毒瘾

我们对化石燃料的需求没有丝毫减少的迹象。中国每周建一座火电厂，

① 见参考文献 Yardley（2007）。

② 见参考文献 McMichael 等（2003）。

世界其他地区每周建两座火电厂[①]。尽管能源的利用效率在提高，尽管最近石油价格达到了自20世纪70年代石油输出国组织（OPEC）采取石油禁运以来的最高点，但目前美国的人均能源消费量仍超过以往任何时候。能源自给自足的愿望极大地激励中国和美国等国家利用它们丰富的煤炭资源，以满足迅速增长的能源需求[②]。事实上，这是一个非常坏的消息，因为从碳排放的角度来看，煤炭是所有化石燃料中碳排放量最大的一种能源。

没有简单的办法可以应对气候危机，没有灵丹妙药可以使我们摆脱对化石燃料的依赖。国际能源署（IEA）执行总裁田中伸男（Nobuo Tanaka）认为，我们需要一场能源革命。他说，我们需要更新能源基础设施，这项支出将达43万亿美元，约相当于全球国内生产总值（GDP）的2/3。可以肯定地说，这种更新不会很快发生。我们是在和时间赛跑。

很明显，我们的子孙将继承一个与我们目前所处的完全不同的世界。他们或者继承一个几近失去作用的地球来维系他们的生活，或者继承另外一种世界，即全球的经济系统是靠清洁的、可再生的能源支撑，在遵从生态规律的同时能满足所有人——妇女、男人和孩子的基本需要。我们赋予他们什么样的未来，完全取决于我们如何应对这场全球气候危机。许多事情都悬而未决。

我们还有机会把这场全球气候危机转化为机遇，那就是更新全球能源基础设施。目前，清洁能源产业正在迅速发展。2006~2007年，清洁能源产业的新增投资达到了1 500亿美元，使清洁能源投资占全部能源投资的比重跃升至60%[③]。这好像给我们带来了希望。也许，我们可以让这场全球气候危机转变为人类创新与合作的典范。但是，我们不能骄傲自满，危机尚未结束，而时间正在流逝。

关系到《京都议定书》前途的一个重要问题是富裕国家与贫穷国家之间的僵局。如美国迄今为止仍拒绝批准《京都议定书》，除非中国或许还有印度同意限制碳排放。而只要世界上最大的温室气体排放国——美国不

---

① 见参考文献“Coal Power Still Powerful”，The Economist，2007-11-15。

② 预计21世纪的能源利用将增长5~10倍（美国能源部）。美国能源产业最近提出了能源独立计划，对煤炭生产进行安全补贴。

③ 见参考文献UNEP（2008）。

被纳入《京都议定书》的框架，我们就无法阻止全球气候变化。那么，全球社会如何才能弥合这种分歧并推进富裕国家与贫穷国家尤其是美国与中国的合作呢？

简而言之，问题的症结在于谁应该减排，是富裕国家还是贫穷国家？

富裕国家在工业化过程中严重依赖化石燃料。虽然它们的人口还不到世界总人口的20%，但它们的碳排放量却占世界碳排放总量的60%，从而直接导致了全球气候变化。相比之下，其他国家的碳排放量则占少数。现在，贫穷国家说，该轮到它们了。在这种情况下，我们怎么能要求贫穷国家现在牺牲它们的发展机会而去弥补富裕国家过去所犯下的错误？我们怎么能突然改变工业化国家俱乐部的准入规则而要求贫穷国家找到一条非化石燃料依赖的发展路径？我们可以尝试，但我们不会成功。富裕国家，尤其是美国，目前存在信任危机。而许多发展中国家，如印度、中国和巴西，都在不断彰显它们的经济实力。

我们面临的现实问题是：发展中国家目前的碳排放量很少，只靠它们减排是不能解决全球气候危机的。贫穷国家的碳排放量合计只约占世界碳排放总量的40%（见图1）。例如，非洲的碳排放量仅占世界碳排放总量的3%，南美的碳排放量也大体相当。即使发展中国家的每一个女人、男人和儿童，所有50亿人口目前都停止排放二氧化碳，也是于事无补的。我们需要全球的碳排放量至少尽快减少60%，甚至80%。在已知谁是最大排放者的今天，唯一可行的办法是减少工业化国家的碳排放量。这就要求富裕国家有所担当。富裕国家绝不能否认，而且必须正确对待它们的责任。

还有另外一个公平问题需要考虑。目前，富裕国家的碳排放量远远高于低收入或中等收入国家。根据世界银行的统计，2004年低收入国家的人均碳排放量为0.9公吨，中等收入国家为4公吨，而高收入国家则为13.2公吨[①]。那么，造成全球气候危机的主要责任国是否应该在解决问题方面起带头作用？同时，最有能力减排的国家是否应该承担主要责任？《京都议定书》对这两个问题的回答是肯定的，它还免除了发展中国家在当前时点上的强制减排义务。未来我们是否还能坚持这一公正的承诺？

① 见参考文献 World Bank (2008)。

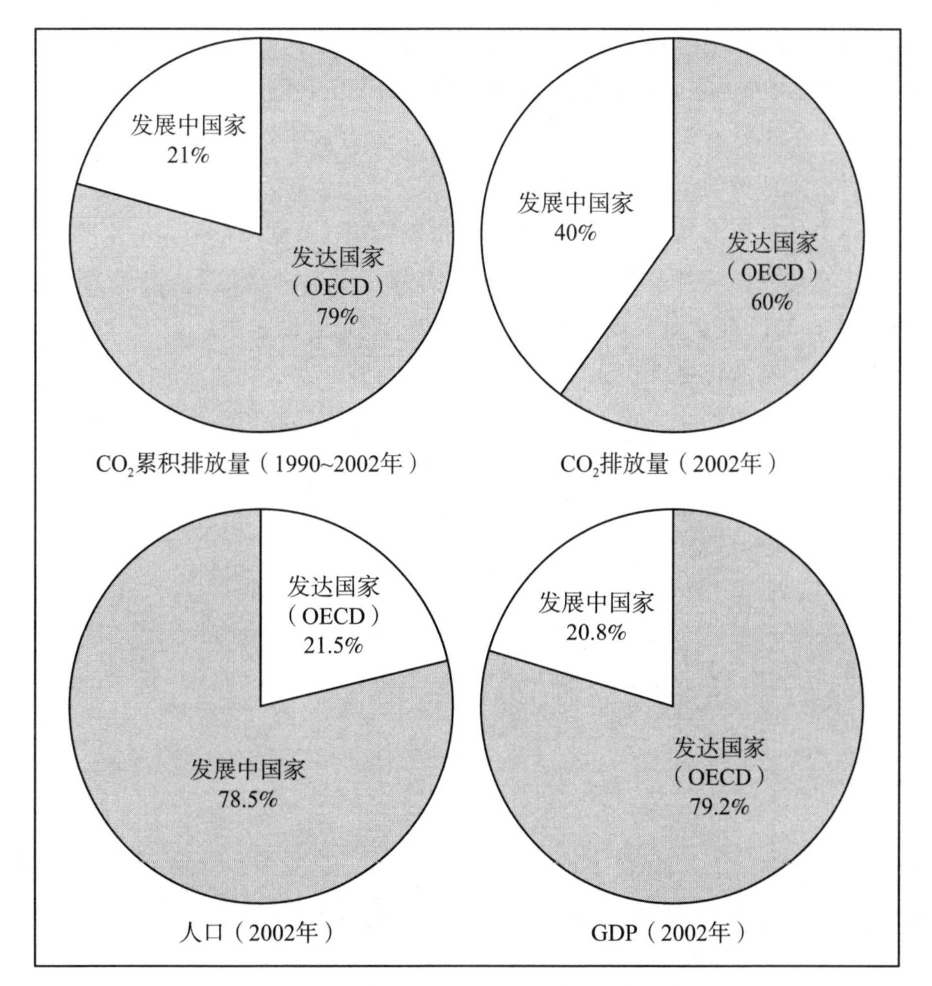

图1　世界财富、人口和二氧化碳排放量的分布

资料来源：World institute database，earthtrends. wri. org，accessed 4 May 2007. World Bank Development Indicators，2007.

同时，我们还应该清楚地看到，如果今后20年发展中国家仍然效仿发达国家的工业化模式——利用它们本国的化石燃料并向大气中排放二氧化碳，那么，人类将面临灾难性的全球气候变暖。这就是为什么说解决气候危机需要我们所有人努力的原因。

本书解释了为什么贫穷国家与富裕国家之间的合作是阻止灾难性气候变化的关键所在。这种国际合作现已拉开序幕。《京都议定书》，这个目前唯一应对全球气候变化的国际协议创造了一个碳交易市场，它可以在解决全球气候危机的过程中将贫穷国家同富裕国家的利益、环境效益和商业利益全部统一起来。《京都议定书》这一独有的特性保证了我们阻止气候变化的努力既是公平的也是有效率的。而碳交易市场，作为全球公共物品的交易场所，是一种史无前例的市场类型。

本书还从碳交易市场的设计者——格瑞希拉·齐切尔尼斯基的角度详细叙述了全球气候谈判及其最终形成《京都议定书》的全过程。《京都议定书》将于2012年失效，而许多政治和经济难题还悬而未决。《京都议定书》是为我们子孙后代解决全球气候危机的希望所在。它成功地描绘了人类社会可持续发展和消除全球收入差距的美好蓝图。那么，我们会去拯救它吗？

第 1 章

全球气候危机

全球气候变暖问题已经受到了公众的普遍关注。每个人都在关注全球气候变化，但大多数人并不真正了解它。有些人甚至否认它。误解是可以理解的。毕竟，我们都观察到了气候在年复一年地变化着。我们还知道，经过漫长的地质演变的历史，地球的气候发生了剧烈的变化。那么，我们为什么对目前面临的气候变化如此大惊小怪呢？

与以往不同的是，人类是这一次气候变化的始作俑者。当科学家们谈论气候变化的时候，他们所说的气候变化是指由人类活动直接或间接导致的全球气候变化，而不是指纯自然的气候变化。人类活动改变了地球大气的构成，使地球表面的平均温度上升。地球表面温度上升就是我们所共知的全球气候变暖，而全球气候变暖导致了全球气候的变化。美国地质调查局（The US Geological Survey）的报告显示，全球气候变暖将引起极地的冰川融化，进而使海平面上升 64 ~ 80 米（210 ~ 262 英尺）。果真如此的话，我们今天居住的这个世界的许多地方都要沉入海中，如迈阿密、纽约[①]、阿姆斯特丹、东京和上海（见表 2 - 1）。

当太阳能辐射到地球表面，一部分能量会反射到大气层。大气层中的温室气体，如二氧化碳、甲烷、一氧化氮和一氧化碳等气体，吸收地球反射的能量，从而对地球起到保温作用，这就是所谓的温室效应。尽管人类活动也会增加其他温室气体，但是，二氧化碳是造成全球气候变暖的最主要气体。

---

① 指纽约市，而非纽约州——译者注。下同。

人为产生的温室气体的80%以上来源于二氧化碳的排放，而且，二氧化碳一旦释放，即可在大气中留存几百年。正是由于这个原因，减少二氧化碳排放就成为缓解全球气候变暖的关键所在。要解决全球气候变暖的问题，不仅要减少当前的排放量，还要减少目前大气中二氧化碳的存量。第2章将对减少二氧化碳存量的“负碳”技术（Carbon Negative Technology）予以描述。

全球碳循环是地球平衡空气、海洋和陆地生态系统之间碳交换的过程（见图1-1）。在前工业化时代，大气中的二氧化碳浓度基本保持稳定，使地球表面始终保持在人类能够适应的温度变化范围。在这样的温度范围内，我们人类和农业系统能够繁衍生息。但是，工业革命却成为一个转折点：它破坏了全球碳循环。人类开始向大气中大量排放二氧化碳，其排放量远远超过了地球能够自我调节的水平。从此，我们进入了一个大气中的二氧化碳水平快速提高的“新时代”。

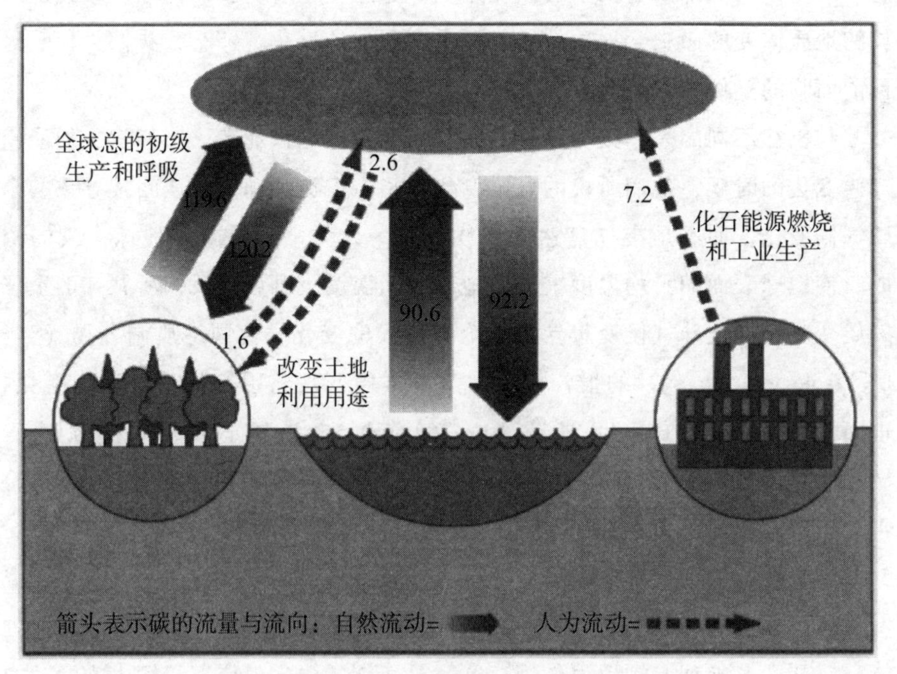

图1-1　全球碳循环

伴随着工业革命，我们的工业、交通运输业和家庭生活开始依赖化石燃料。第二次世界大战以后，布雷顿森林体系的建立和全球贸易的日益扩张更加快了这一进程。当我们燃烧煤炭、石油或天然气等化石燃料的时候，我们就向大气中排放了二氧化碳。最大的二氧化碳排放者是为我们的家庭和工厂提供电力的发电厂。在美国，二氧化碳排放总量的 40% 来自于发电厂，全世界的这一比例会更高。交通运输的二氧化碳排放相对较少，但它也是二氧化碳的主要排放者之一。美国交通运输排放的二氧化碳约占其总量的 1/3，全世界的这一比例为 13%。根据联合国粮农组织（United Nations Food and Agriculture Organization）最近的一份报告——《畜牧业的巨大阴影》（Livestock's Long Shadow），把肉送到餐桌（肉主要是在富裕国家消费）的所有环节释放的二氧化碳占全球总量的 18%[①]，超过了全球交通运输系统排放的二氧化碳所占比例。这些二氧化碳排放都强化了温室气体效应，提高了全球温度，导致了不可逆转的生态破坏和海平面上升。

森林生态系统在全球碳循环过程中发挥了重要作用。森林通过光合作用从大气中吸收二氧化碳并储存起来。当树木死亡和腐烂的时候，它又将二氧化碳释放回大气中。这是全球碳循环全过程的一部分。但是，如果森林消失的速度快于新森林生长的速度，全球碳循环就会被破坏，大气中的二氧化碳含量就会增加。森林用途如果发生改变，例如被采伐用于木材生产或转变为耕地，储存在树木和土壤中的二氧化碳就会被释放回大气中。这也会使全球气候变暖，尽管影响程度较小。科学家们将大气中二氧化碳增量的 80% 归因于人类燃烧化石燃料，余下的 20% 则来自土地利用类型的改变和森林采伐。计算森林的二氧化碳排放量应谨慎，因为树木死后释放的二氧化碳的数量要大于它们活着的时候储存的数量。

我们正以空前的速度改变着地球的大气。1970 年以来，温室气体排放量已经增加了 70% 以上。目前温室气体排放增加的速度比过去 2 万年提高了 100 倍[②]。如果今后温室气体排放仍以同样的速度增加，那么，21 世纪大气中二氧化碳的含量将是前工业化时期的 2 倍，甚至 3 倍[③]。正如科学家们所警告的那样，我们正急切地闯入了一个与地质时代完全不同的世界。我

① 根据联合国粮农组织的估计，肉类生产的所有环节释放的温室气体占全球总排放量的 18%。根据 IPCC 的估计，交通运输只占人类温室气体足迹的 13%。见参考文献 UN FAO（2006）和 IPCC。

② 见参考文献 UN IPCC（2007）。

③ 产业革命以前，大气中二氧化碳的浓度约为 280 ppm，目前几乎达到 400 ppm。

们正在进行着一场无法预知结果的全球性实验，而这很有可能是一条不归之路。

那么，我们到底知道什么？1988 年，联合国成立了政府间气候变化专门委员会（IPCC），这是一个专门对有关全球气候变化的成因和后果的科学研究进行评估的国际专家组。它的评估报告显示，绝大多数科学研究结论都认为，是人类造成了地表平均温度的上升。科学家们还指出，20 世纪全球气温上升了 0.74°C（1.33°F）。过去的 12 年中有 11 年都是历史上最热的年份。如果大气中二氧化碳的含量果真比前工业化时期翻一倍的话，21 世纪全球气温将上升 4.5°C（8.1°F），甚至会更高[①]。

乍看起来，全球气温上升 4.5°C（8.1°F）不算什么，不会造成太严重的后果。但事实上，很小的平均气温波动都会导致非常明显的气候变化。极地气温的变化速度要比世界其他地方快 2～3 倍[②]。在上一个冰期，加拿大和美国北部的大部分地区都被冰川覆盖了，但是，那时的地球平均温度只比现在低 5°C（9°F）!

1.1 转折点及潜在的灾难

目前，科学家们是如何预测全球气候变化的呢？对于这个问题，没有直接的答案。我们只是知道，我们对全球气候变化知之甚少。但是，当前的和未来的全球气候变暖的速度都是十分可怕的，因为在过去的 2 万年里没有先例。气候是一个难以预测的动态的复杂的系统。气候变化不能简单地被理解为地球每年只是变热一点，每年的情况只比上一年恶化一点。如果这是事实，那么我们就可以预测气候变化带来的冲击并对此采取防范措施。但是，科学家们警告说，气候系统存在重要的临界点或转折点。这是一个有去无回的门槛。一旦越过这个门槛，气候系统就不会再恢复到原来的状态，其后果是十分可怕的。极地的冰川可能全部融化，洋流可能发生改变，而这些又会导致生态系统的灾难性突变，以致没有生命和经济系统能够幸免于难。如果

①② 见参考文献 UN IPCC（2007）。

格陵兰岛和南极洲的所有冰川都完全融化，全球的海平面将上升 64～80 米（210～262 英尺）[1]。这足以使世界上的大部分城市消失于海底，这其中当然会包括迈阿密、纽约和阿姆斯特丹等城市（见表 2－1）。经济合作与发展组织（OECD）最近列出了在全球气候变化引起的海平面上升过程中受威胁最大的城市，其中，迈阿密和上海的名次都比较靠前，将分别蒙受 3.5 万亿美元及 1.7 万亿美元的损失。OECD 估计的仅城市本身的财产损失将达 35 万亿美元[2]，约相当于当前世界经济总产出的 50%，这才仅限于财产损失，人类生命的损失还未计算在内。

科学家们也不能明确全球气候系统的临界点到底在哪里，因为自然系统对其周围的变化高度敏感，而且自然系统之间又以如此复杂多样的方式相互影响、相互作用。地球气候从来没有因为我们人类的影响而如此迅速地变暖，因此，没有经验可以借鉴。我们正在与我们的气候系统玩一场俄罗斯轮盘赌，我们玩得越久，输的可能性就越大。

研究者们对改变全球气候变化的速度和程度的反馈效应也知之甚少。例如，俄罗斯和阿拉斯加的永冻土带下富存高浓度的甲烷，它是一种温室气体，一旦释放到大气中，就会加强温室气体效应。世界上变暖最快的地方之一——西西伯利亚，是世界上最大的泥煤矿所在地，它在上个冰期形成的永冻土带的面积相当于法国和德国两国国土面积之和。它的永冻土带正在融化，科学家们担心在今后的几十年里它会释放出 7 万吨的甲烷。同样，东西伯利亚的永冻土带也在融化[3]。

地球太大了，它蕴涵着推动全球气候变暖的巨大动力——热气和热水。这些动力既不能停止，也不能转向。由于碳污染可以在大气中长时间留存，我们现在排放到大气中的二氧化碳对地球的影响将持续数百年。人类干扰气候系统带来的危害在未来许多年内可能不会完全显现。但是，到 21 世纪末气温上升 2°C（3.6°F）是难以避免的。目前，我们已经感受到了这种危害，例如，许多物种已经灭绝，阿拉斯加不断被变暖的海水淹没。科学家们指出，由于气候变化，对人类和野生动植物致命的 12 种疾病发生的地理范围已经

---

① 见参考文献 UN IPCC（2007）。

② 见参考文献 OECD（2007）。

③ 见参考文献 Pearce（2005）。

越来越广。这12种疾病是禽流感、巴贝西虫病、霍乱、埃博拉病毒、肠道和体外寄生虫、莱姆关节炎、瘟疫、赤潮、里夫特裂谷热、昏睡病、肺结核和黄热病[①]。澳大利亚，这一世界上最古老的大陆，从2002年开始遭受大规模的干旱，截至2009年年初，已有几百人的生命被一望无际的野火吞噬。

如果国际社会迅速行动起来，减少二氧化碳排放，也许能阻止进一步的破坏发生。但是，如果这样做，到2050年，全球的二氧化碳排放必须在现有水平上减少60%～80%。这不是一件容易的事情，但却是一件值得做的事情，也是一件能够做到的事情。我们也许不能阻止全球气候变化，但我们却能阻止灾难性的全球气候变化。气候学家马丁·派瑞（Martin Parry）指出："我们目前是在一个被破坏的未来世界和一个被严重破坏的未来世界之间做出选择。"[②] 这的确只是个程度问题。

1.1.1 全球气候变化的影响

人们对未来全球气候变化影响的预测是在显著性破坏到潜在灾难性破坏这一范围之内。也许很多人会感到惊奇，我们向空气中排放二氧化碳的一些恶果会由海洋来承担。由于海洋吸收了大气中过量的二氧化碳，海水逐渐酸化，使脆弱的海洋生态系统遭到破坏，尤其是赖以生存的珊瑚和其他海洋生物。加勒比海约50%的珊瑚已经消失了。

全球气候变暖使海洋向陆地扩张，气温升高还导致极地的冰帽消融。这两种力量结合起来，使海平面比前工业化时期上升了10～20厘米（4～8英寸）。由于海洋的温度要降下来需要相当长的时间，所以海平面上升还要持续几个世纪。1961～2003年间，全球海平面平均每年上升1.8毫米（0.07英寸）。2003年以来，由于格陵兰岛和南极洲的冰川迅速融化，全球海平面上升的速度提高到了平均每年3.1毫米（0.12英寸）。如果格陵兰岛和南极洲的冰川全部融化，海平面将上升至足以使许多沿海城市和岛国被淹没、几百万人口无家可归的水平。孟加拉国和马尔代夫都将不复存在，纽约也会沉入海底。格陵兰岛的冰川正以科学家们最初估计的速度的2倍在消融。格陵兰

---

① 见参考文献Smith（2008）。

② Martin Parry，引自参考文献Pearce（2005）。

岛的冰川全部融化也许不会发生在 21 世纪，但全部融化只是迟早的事情[1]。

冰川一旦融化，它将向海洋中灌注淡水。这将破坏脆弱的海洋生态系统，并可能扰乱像墨西哥湾流一样的对地球温度起关键作用的洋流系统。海平面上升还会使地下水资源遭受污染，从而加剧世界范围内饮用水短缺的问题。目前，海平面上升已经致使许多小海岛国家和以色列、泰国、中国的长江三角洲地区及越南的湄公河三角洲地区的地下水资源遭受污染。

同样，陆地也感受到了全球气候变化带来的冲击。阿拉斯加和俄罗斯的气温上升速度要比全球平均气温上升的速度快 2 倍。永冻土层正在融化，带来了明显的结构性破坏，许多城镇沉入了变暖的海水之中。在北半球的中高纬度地区，积雪的厚度已经减少了 10%。在 20 世纪，湖泊和河流每年的结冰期缩短了两周。作为地球淡水主要来源的冰川正在全球范围内退减。如瑞士近年来冰川的数量减少了 2/3。借助浮冰觅食的北极熊也面临潜在的灭绝。

一个不断变暖的世界将可能与频繁的暴风骤雨、干旱、飓风和台风等恶劣天气相伴。干旱、半干旱地区会更加干旱和荒漠化，而在世界的其他地区，降雨和洪水却会更加频繁。这对于那些正面临粮食危机的地区来说更是雪上加霜。本来粮食已经短缺的非洲和拉丁美洲将面临农业生产率的急剧下降。早期关于气候变化影响的研究指出，由于生长期的延长和二氧化碳对作物的肥料效应，高纬度地区的农作物产量在持续增加。然而，最近的实地研究表明，世界作物产量将下降，即使是在作物产量曾经一度增加的美国、中国和加拿大等国家[2]。

全球气候变化使飓风、龙卷风、热浪和季风等极端天气的发生频率增加、强度增强。正如我们不能将任何一例肺癌归因于吸烟一样，我们也不能将任何一场风暴归因于全球气候变化。然而，许多科学家的研究发现，近年来恶劣天气的频繁出现正是全球气候变化的真实写照。1996 年和 1997 年莱茵河的洪水、1998 年中国的洪水、1998 年和 2004 年东欧的洪水、2000 年莫桑比克和欧洲的洪水、2003 年西欧的热浪、2004 年孟加拉国季风引发的洪水和 2005 年大西洋上的卡特里娜飓风都提醒我们，如果全球气候继续变

---

①② 见参考文献 UN IPCC（2007）。

暖，还会出现更多、更强的极端天气。

即使是最保守的估计也指出，气候变化对绝大部分生命系统都造成了不良的影响。全球气候变化通过减少食物产量与淡水供应以及扩大如疟疾和登革热等一些传染病的分布范围等方式间接威胁人类的生存。灾害性天气、干旱和同炎热有关的疾病则对人类构成了直接威胁。令人难以置信的是，2003年8月的热浪使35 000人丧生，这是欧洲有史以来最热的夏天。这是一个发人深省的案例，即使生活在高度发达的现代经济体，人们还是不能免于气候变化带来的伤害。仅法国一个国家就有15 000人丧生，因为那里夏季的天气通常都是温和和舒适的，退休的家庭及公寓建筑都没有安装空调设施[①]。公共卫生部门没有适当的应对这种危机的紧急预案。全世界的公共卫生及应急部门都从未想到过它们需要应对这种气候灾难，在灾难来临之时，它们措手不及，疲于寻找相关的资源和专家。更为可悲的是，发展中国家的这种应对能力更弱，它们将面临最为严重的冲击。

全球气候变化破坏了生态系统及其提供空气、水和食物等重要生态服务的能力，而这种能力对于人类的健康与福利都是十分重要的。全球气候变化还使大量动植物物种面临灭绝。如果世界平均气温再升高1.5°C ~2.5°C (35°F ~37°F)，超过30%的动植物种群将濒临灭绝[②]。我们已经观察到了这种影响。由于北方的气候越来越像南方，许多动植物的分布范围都发生了变化。现在，在高纬度和高海拔地区可以发现蝴蝶、蜻蜓、蛾、甲虫以及其他昆虫，而过去这些地区比较寒冷，不适合这些昆虫的生存。这样的变化严重地破坏了生态系统。在美国和加拿大的西部山区，出现了前所未有的松树甲虫，它们毁坏了大面积森林。随着森林的被损毁，森林吸收二氧化碳的能力也被削弱，死亡树木的腐烂又释放出大量的二氧化碳[③]。

全球气候的迅速变化甚至还改变了一些动物种群的基因和行为。例如，目前加拿大的红松鼠改在年初进行繁殖，欧洲中部越来越多的欧洲莺不再迁往地中海而是迁往英国过冬。但是，并不是所有的动植物都能适应这种变化。生命周期较长、数量较少的物种，如北极熊，由于全球气候变化导致其

---

① 见参考文献“Heat Waves Chilling Warning”，Chicago Sun Times，2005 - 07 - 13。

② 见参考文献 UN IPCC（2007）。

③ 见参考文献 Kurz（2008）。

食物减少，其数量也在明显地减少[1]。很难推测，未来生命系统到底能在多大程度上适应新的气候环境。如果气候变暖足够快、足够强烈，环境和人类又阻碍它们迁徙，许多动植物可能无法适应这种变化。而在所有动物中，所受影响最大的将是我们人类。

1.2　我们能适应全球气候变化吗

与为了生存总是不断调整自己以适应环境变化的其他生物不同，有史以来，我们人类一直在改变环境。那么，我们现在能适应我们所发动的全球气候变化吗？没有人能够确切地回答这个问题。我们只知道，气候变暖的程度越高，速度越快，留给我们调整以适应变化的时间就越少，我们所面临的威胁也就越大。

我们还知道，面对严峻的环境，我们必须做出调整以适应环境变化。人口增长、采伐森林、水土流失、荒漠化和大规模的物种消失已经削弱了我们的抵抗能力，使我们更易受到全球气候变化的攻击。诸如岛屿、沙丘和红树林等阻挡热带风暴的第一道天然防线的丧失，使热带风暴带给我们的财产损失更大。我们亲眼目睹了飓风卡特里娜给新奥尔良带来的巨大损失，那里的所有天然屏障都被破坏了。

数以亿计的人口居住在即将因海平面上升而沉入海底的地区，如埃及的尼罗河三角洲、孟加拉国的恒河—布拉马普特拉河三角洲、马尔代夫、马绍尔群岛和图瓦卢。沿海地区人口密度提高并不只是发展中国家独有的现象。在美国，人口向沿海地区城镇的迁移一直在持续着。目前，世界人口的1/2以上居住在距海60公里（37英里）的范围之内[2]。

目前，世界上数十亿人口还缺乏安全的饮用水。即使是工业化国家，在未来的几十年也会面临淡水短缺的问题，因为对水的需求量一直都超过供给能力。到2025年，世界1/3的人口将面临长期严重的水资源短缺问题。

全球气候变化将会加剧环境恶劣地区的干旱、饥荒和疾病，而这些地区

---

① 见参考文献 Bradshaw，Holzapfel（2006）。

② 见参考文献 OECD（2007）。

的数百万人口，其中大部分是儿童，本来就面临生存危机。亚洲和非洲近几年干旱发生的频率和强度都在提高。据推测，到2020年，全球气候变化会使非洲的水资源供求压力进一步加大，0.75亿~2.5亿人口将面临缺水问题。全世界每年约有600万名儿童死于营养不良，其中大部分发生在发展中国家。受全球气候变化影响最大的孟加拉国，每天有900名儿童死于饥饿。全球气候变化已经使印度的小麦减产。在非洲的一些国家，由于干旱加重，农作物产量已经减少了50%[①]。

全球气候变化扩大了疟疾和登革热等传染病的分布范围，每年导致发展中国家数百万人口死亡。世界卫生组织（WHO）的统计数据表明，气候敏感型疾病已经成为人类的最大杀手之一。仅腹泻、疟疾和蛋白质—热能营养不良每年就导致全球330万人死亡，其中29%发生在非洲。

全球气候变化将成为世界贫困人口最具毁灭性的灾难。在非洲、南亚和拉丁美洲的贫困国家因全球气候变化死亡的人口会多于其他国家与地区。在这些地区，极端天气已经频繁出现。亚洲、非洲和拉丁美洲的人口密度较高，因此，当灾难降临时，受灾的人口会更多。贫穷国家还往往缺乏医疗、救援和疏散设施，不能有效地应对自然灾害。其结果是必将带来非常高的死亡率。2007年，自然灾害夺去了全球15 000人的生命，仅亚洲就有11 000人死亡[②]。飓风西德尔使孟加拉国3 300人丧生。20世纪90年代，全世界有60万人死于与气候相关的自然灾害，其中，95%发生在贫穷国家。

颇具讽刺意味的是，发展中国家排放的温室气体最少，但却是全球气候危机的最大受害者。根据联合国的预测，由于全球气候变化，发展中国家数以亿计的人口将面临自然灾害、水资源短缺和饥饿的风险[③]。二氧化碳排放仅占世界排放总量3%的非洲，由于面临多重压力，且应对气候变化的能力较弱，而成为全球气候变化中最容易受到伤害的大陆[④]。

富裕的工业化国家排放了全球温室气体总量的60%，但其人口却只占世界总人口的20%。它们的工业化提高了大气中的二氧化碳浓度。但是，如果贫穷国家现在也遵循它们的碳依赖型经济发展道路，那么，全球气候变化的后果必将是灾难性的。

---

①③④ 见参考文献UN IPCC（2007）。

② 见参考文献“Swiss Re Economic Research and Consulting”，Sigma 2008（1）。

全球气候危机带来的另一个讽刺是，富裕国家的福利有史以来第一次要直接由非洲、亚洲和拉丁美洲的贫穷国家来决定。只要这些国家按照富裕国家曾经走过的和正在走的道路进行工业化及使用化石燃料，就会给富裕国家带来数万亿美元的损失。当前，全球社会面临的挑战是如何尽快减少二氧化碳排放而又不影响贫穷国家的发展。要解决这个问题，除了富裕国家与贫穷国家的全面合作，别无他法。过去，我们从没有实现过这种合作。那么，现在我们能实现吗?《京都议定书》提供了一次使富裕国家与贫穷国家团结起来共同应对全球气候变化的机会。

1.3　小结：我们到底知道什么

长期以来，我们在对待全球气候危机方面一直存在侥幸心理，认为它不一定会真的发生。确实，全球气候变化还是一门新的学科，还不能就全球气候变化的所有方面得出确定性的结论。我们确实不知道地球会变暖到什么程度，或者需要多久我们会感受到它的影响，以及它的影响将会有多严重，人类生存系统能在多大程度上适应这种变化。但是，我们目前对全球气候变化所知道的和所达成的共识确实要多于其他一些科学与社会问题，如量子力学及货币政策等问题。事实上，世人对于全球气候危机成因和后果的认识已经取得了惊人的一致。目前，关于全球气候变化我们还不确定的事情只是少数，而且，都是一些等我们了解的时候为时已晚的事情。

更为重要的是，是我们人类造成了全球气候变化这一点是毫无疑问的。我们不能否认，是我们的经济活动给地球带来了灾难性的影响，我们是作茧自缚。现在我们所能做的就是与其他国家一道共同寻找出路。而且，我们必须立即行动。科学家们还在寻找更多的证据以证明全球变暖的速度正在加快，其影响已经超过预期而提前凸显。正如一位著名气候学家所警告的：“我们一直认为这些影响将发生在我们的子孙身上。现在我们意识到，是发生在我们身上。”①

① Martin Parry，引自参考文献 Pearce（2005）。

以下概括了我们所知道的气候变化：

- 大多数科学家都确信地球平均气温的提高是由人类活动引起的。
- 根据大多数科学家的观点，燃烧化石燃料是整个20世纪全球气候变暖的罪魁祸首。
- 我们目前向大气中排放二氧化碳对地球产生的影响将持续数百年。
- 为了避免灾难性危机，到2050年全球的二氧化碳排放量必须在现有水平上减少80%。国际能源署（IEA）认为，这需要一场能源革命，为此需要投资43万亿美元建设新的发电厂。
- 全球气候变化给地球带来的影响程度从破坏性一直到潜在的灾难性，仅经济损失即相当于当前全球GDP的20%①。OECD的报告称，全球气候变化将给世界上最大的一些城市带来35万亿美元的损失。
- 地球生命系统对全球气候变化的适应能力取决于气候变暖的速度和程度。
- 工业化国家对全球气候危机负有主要责任。
- 贫穷国家在全球气候变化过程中遭受的生命和财产损失最大。
- 如果贫穷国家将来也像发达国家一样利用本国的化石燃料发展经济，它们会给工业化国家带来数万亿美元的损失。
- 关于全球气候变化的有些事情，可能等我们知道的时候已经晚了。时间并不站在我们这一边。全球气候系统很快会到达不可逆转的临界点。
- 根据美国地质调查局的报告，如果格陵兰岛和南极洲的冰川融化，全球海平面将上升64~80米（210~262英尺），这足以使世界上许多沿海地区被淹没，数百万人口无家可归。

---

① 见Stern（2006）。

第2章

为未来保险

全球气候变化是一种真正的风险，它能够给世界经济和人类带来巨大损失。面对如此严重的危机，我们必须立即采取行动。但是，在科学界已经就全球气候变化得出令人信服的结论之时，为什么说服世界各国采取行动以阻止灾难发生会如此之难？

问题的症结在于能源的利用，因为能源是支撑世界所有经济活动的关键，也是世界上所有市场的源泉。而且，针对这个问题没有简单的解决办法。正如阿尔伯特·爱因斯坦（Albert Einstein）所说："我们不能用制造问题的思维方式来解决问题。"要应对全球气候危机，我们起码应该重新思考我们带来的是一场什么样的危机，我们是如何导致危机产生的。这个简单的道理会使很多人不安。很难想象一个没有化石燃料的世界。风电场、"负碳"、氢气汽车和太阳能电池板，这些后碳经济时代的技术，听起来就像科幻小说一样。但是，这不是科学幻想，我们下一代人的生存正受到威胁。我们的孩子知道是我们改变了他们的世界。未来就是现在。

2.1 能源困境

能源与我们的生活息息相关。它是人类生产活动中最重要的投入品，尤其是在工业社会。直到最近，我们才不得不思考我们利用能源所带来的影响。为了解决全球气候变化问题，我们需要改变能源利用方式和能源种类。

我们需要考虑新能源和新的能源利用方式。我们还需要考虑现有能源利用对今天及未来生命系统的影响。

在前工业化社会，人力是主要的能源。我们的体力是唯一的能源约束。工业革命诞生了以木材、煤炭和石油为动能的机器。从此，发掘这些能源的能力成为我们唯一的能源约束。很长时间，我们都认为地球上的化石燃料是可以无限开采利用的。在工业时代早期，世界上的人口很少，当时只有7亿人口，而且新技术发展很快，不断地提高我们发掘化石燃料的能力。我们还不知道燃烧化石燃料和破坏森林的后果。同地球对我们生活的副产品——垃圾的吸收和净化能力相比，我们的生产规模是相当小的。我们从没想过，增长会受到生态的限制。我们相信，我们可以征服自然。

工业革命迅速提高了我们的生活水平。随着生活水平的提高，人口和消费都增加了。1800年，世界人口达到10亿；到1927年，世界人口翻了一番；20世纪末，世界人口突破了60亿大关。迅速增加的人口，扩大了对能源、资源和土地的需求。与地球的承载能力相比，人类的生产规模已经相当大了。

20世纪下半叶，我们接近生态极限的迹象已经很明显。我们不仅以不可持续的速度在耗尽资源，而且还产生了大量的垃圾。我们已经听到了“环境危机即将来临”的呼声。一些征兆也开始凸显：伦敦和洛杉矶的烟雾使人窒息；美国的许多河流都被化学物质严重污染，如波士顿的查尔斯河（Charles River）和俄亥俄州的库亚哈嘎河（Cuyahoga River）。人类就其生产活动对生态环境的影响有了新的认识，现代环境运动也由此产生。

然而，全球气候变化对于大多数人来说还是一个遥远的话题。对全球气候变化的概念、成因和影响的科学解释都还很浅显。大家还没有清醒地认识到，对化石燃料的依赖已经使地球生命系统付出了惨重的代价。与全球气候变化相比，我们更关心能源独立和减少能源供应。一些科学家曾预言，化石燃料尤其是石油的产量会在20世纪70年代达到顶峰，此后，全世界对石油需求的增长速度会远远超过石油的供给。人们逐渐意识到不断减少的化石燃料供应对经济带来的冲击。

当然，我们清楚我们今天面临的是比石油供应减少更严峻、更紧迫的问题。我们必须转变我们的能源需求和能源类型。当地球上最后一滴石油被开采出来的时候，无论是 25 年以后，还是 125 年以后，也许气候变化已经使我们放弃将化石燃料作为主要的能源，以便拯救我们的生命和财产。但是，要做到这一点，我们还会面临巨大的挑战。

目前，化石燃料约占世界能源消费总量的 87%[①]。它们是二氧化碳排放的主要来源。所有化石燃料中，最重要的是石油，它支撑着我们的交通运输系统，它还是当前普遍使用的塑料的基本原料。电力本身也主要由化石燃料产生。利用化石燃料的发电厂是地球上二氧化碳排放的最主要来源。在美国，二氧化碳排放总量的 41% 来自发电厂。

经济发展依赖于能源的可获得性。在当今时代，能源一直意味着化石燃料（见图 3 - 1）。世界的历史数据和跨国的横截面数据都表明，能源利用与经济产出密切相关。一个国家的工业生产量可能通过其能源消费量来推算。目前，要想减少二氧化碳排放，就得减少能源消费。如果没有低成本的新能源来替代化石燃料，减少二氧化碳排放也即意味着减少经济产出。

在全球经济转型过程中，有赢家，也有输家。靠大量排放二氧化碳而盈利的企业将遭受损失，但同时也会创造前所未有的商机。能源效率的提高将会使家庭和企业节约成本，并提高生产率。聪明的投资者已经察觉到了先机。根据联合国最近的一份报告，全球可再生能源产业的新增投资数量从 2005 年的 80 亿美元增加到了 2006 年的 1 000 亿美元，2007 年再增加到了 1 500 亿美元，而且丝毫没有减少的迹象。这股“淘金热潮”还会持续下去。到 2012 年，每年的可再生能源的投资水平将达到 4 500 亿美元。到 2020 年，每年的投资水平将达到 6 000 亿美元[②]。只要一些部门的所得能够抵销其他部门的损失，阻止全球气候变化的努力就不会给全球经济带来净损失。如果没有爆发国际金融危机，世界经济还是能够平稳发展的。

2.1.1　解决方案需要全球共同努力

2006 年 2 月，时任英国首相的托尼 · 布莱尔（Tony Blair）简单明了地

---

① 美国能源部（DOE）与国际能源署（IEA）。

② 联合国环境规划署：《全球可持续能源投资的发展趋势 2008》，见 http：//sefi. unep. org/english/globaltrends. html

概括了全球变暖问题，他说："世界上任何一个国家都不会自愿同意减缓它的经济增长。"

布莱尔是对的。减少全球二氧化碳排放并不是一个简单的政治或经济任务。要显著减少二氧化碳排放，我们必须重新考虑工厂怎么开工、汽车怎么发动和房子怎么供暖等现实问题。甚至我们的生活方式也要改变——住在哪？买什么？我们怎么度过闲暇时间？通过对能源效率提高和能源转换的适当规划与投资，我们能够做到在不降低我们生活质量的前提下减少对化石燃料的依赖。但这意味着，我们必须正面应对全球气候危机，而不是做事后诸葛亮。但是，哪个国家愿意身先士卒呢？

现实是，没有国家愿意自愿减少它的二氧化碳排放，除非其他国家同意效仿。事实就是如此简单，这就是必须所有国家在全球气候变化协议上签字的唯一原因。当然，强调各国携起手来合作解决全球气候变化问题还有一些道德伦理方面的原因。作为地球上的居民，我们每个人都有义务保护我们赖以生存的地球气候系统。然而，这条道德准则并不足以促使各国将二氧化碳排放减少到能够阻止气候变化的水平，至少到现在还没有。

为什么全球气候危机必须由世界各国共同应对？有很多其他的环境问题受到全球瞩目，但却并不需要通过达成国际协议来解决。亚马逊森林破坏问题就是一个最好的例子。由于亚马逊森林拥有举世无双的动植物物种多样性和制造氧气的能力，保护亚马逊森林成为世界各国的共同愿望。然而，只有亚马逊森林的所在国才真正具备保护它并使它不被破坏的权利。如果巴西鼓励森林砍伐或者对乱砍滥伐视而不见，那么，国际社会也无能为力。谁都无权干预一个主权国家的资源管理决策，尽管这种决策会殃及国际社会的共同利益。其他国家只能通过政治施压、提供资金援助或抑制本国消费者对亚马逊森林产品的消费等措施敦促保护亚马逊森林，但是，大多数国家最终都无力直接阻止对亚马逊森林的乱砍滥伐。

全球气候变化问题则明显不同。这一次，世界各国都被牵连其中，因为所有国家都在排放二氧化碳。而且，二氧化碳是没有国界的。全球气候变暖是全球二氧化碳排放累积的结果。无法区分大气中的哪些二氧化碳是由美国排放的，哪些二氧化碳是由中国排放的。大气中二氧化碳的浓度对于世界各国来说都是相同的。二氧化碳排放对全球气候的影响程度是相同的，无论它来自哪里。减少二氧化碳排放对全球气候的影响程度也是相同的，无论它是由哪个国家减少的。英国减少1吨二氧化碳排放与印度减少1吨二氧化碳排放的效果没有区别。

避免全球气候变化是全球公共物品的最好例子①。全球公共物品是这样一种产品：只要它对所有国家有利，就不会有任何一个国家被排除在外。任何一个国家减少二氧化碳排放，都会在一定程度上帮助所有国家降低全球气候变化的风险。减少二氧化碳排放的国家必须自己承担减排的代价，却要与世界其他国家共同分享减排所带来的好处。但是，怎样才能激励各国提供全球公共物品呢？各国的行为并不总是利他的。

任何一个单独的国家都不能排放足以引起全球气候变化的二氧化碳，也没有任何一个国家可以单独阻止全球气候变化。即使世界上最大的温室气体排放国——美国彻底停止排放，全球二氧化碳排放量也只能减少25%。这也许是朝正确方向迈出的一大步，但是，其他国家的减排同样是不可或缺的。

这就是为什么二氧化碳减排国际协议的达成如此关键。没有一个国家会有单独减少二氧化碳的动力，因为这样做不会阻止全球气候变化，除非其他国家也采取同样的行动。要想使一个国家的减排有价值，必须使它成为更大规模行动的一部分。只有协调一致的全球行动，才能阻止全球气候变暖。只有达成全球气候变化协议，才能确保世界各国减排的努力不会付之东流。减排的代价是很大的。只有达成全球气候协议，才能使各国具有减排的动力。

那么，既然全球气候协议符合所有国家的利益，为什么达成该协议如此之难？美国为什么不批准《京都议定书》呢？

2.1.2 “搭便车”问题

我们知道，没有一个全球性的减排协定，全球气候变化还将持续下去。即使有些国家可能会遭受较大的损失，但气候变化最终将会给世界各国带来

① 就像经济学家们所指出的那样，大气中的二氧化碳浓度是一种“公共物品”，因为它在全世界都是相同的。第一次将气候变化称作公共物品的是齐切尔尼斯基和希尔（Chichilnisky & Heal, 1994）。

潜在的灾难性的破坏。我们还知道，没有哪一个国家能单独阻止全球气候变化。这就是为什么没有一个国家愿意单独采取减排行动。毫无疑问，达成国际协议可以减少全球气候变化的威胁，所有国家都会从中受益。所有国家都应该选择达成国际协议，而不应该做出相反的选择，也就是说，不达成国际协议，全体都会面临气候变化的威胁。其实，还存在世界各国可能更加期待而我们目前还未意识到的第三种选择，即所谓的“搭便车”。

“搭便车”是一种选择，它使一个国家在阻止全球气候变化过程中不劳而获。这是因为：如果所有国家就阻止全球气候变化开展合作，那么，一个国家不参与合作，不减少它的二氧化碳排放，同样可以从中受益。它不付出任何代价，却获得了所有的收益。有人也许认为这是一种可耻的行为，但现有激励决定它具有存在的合理性。任何一个国家都想“搭便车”，要么游离于全球气候协定之外，要么在全球气候谈判中讨价还价，尽量少承担减排义务。但是，只要有一个国家想“搭便车”，那么，所有国家都会想“搭便车”。而如果所有国家都想“搭便车”，我们就不能解决全球气候危机问题。

《京都议定书》这种国际协议，可以厘清每个国家在解决全球气候危机过程中所发挥的作用，进而可以阻止“搭便车”行为的产生。但是，它也不能彻底解决“搭便车”的问题，因为它不能强迫各国兑现它们的承诺。世界上不存在具有这样强制能力的国际政府。2001 年，当美国在经过了多年谈判之后退出《京都议定书》谈判的时候，国际社会对此也无能为力。值得欣慰的是，无论有没有美国的参与，国际社会都一直在兑现解决全球气候危机的承诺。

在我们变得更加失望之前，让我们记住，全球社会是有能力就解决全球主要环境问题展开磋商的。《京都议定书》并不是第一个国际环境协议。解决跨国环境污染问题最成功的全球合作案例当属《关于消耗臭氧层物质的蒙特利尔议定书》。《关于消耗臭氧层物质的蒙特利尔议定书》规定，为了保护臭氧层不致遭受更进一步的破坏，必须逐步淘汰消耗臭氧的化学物质。许多有利因素推动了《关于消耗臭氧层物质的蒙特利尔议定书》框架下的国际合作，而这些有利因素在应对全球气候变化的今天已经不复存在。首先，国际社会已经对臭氧层遭到破坏的原因取得了深入的了解，并达成了许多共识。而且，臭氧层的破坏，尤其是皮肤癌发病率的上升，直接威胁到了富裕的工业化国家的居民健康。其次，从工业化国家的角度看，尽管它们是在没有其他国家支持和帮助的情况下单独行动，但它们保护臭氧层的收益仍然远远大于消除消耗臭氧物质所需的成本。最后，发展中国家在这个过程中的作用没有受到质疑，因为发达国家是消耗臭氧层物质的主要制造者①。

相比之下，《京都议定书》的磋商却矛盾重重、一波三折。未来的磋商也不会一帆风顺。《京都议定书》是全球里程碑式的，也许是当代最重要的国际协议。它与《关于消耗臭氧层物质的蒙特利尔议定书》一起开辟了解决全球环境问题的先河。《京都议定书》为我们解决全球气候危机提供了最好的机遇。

2.2 如何给未来定价：一种经济视角

对于许多事物，我们可以直接比较分析采取行动的成本与收益。不幸的是，全球气候变化是个例外。成本—收益分析假设成本和收益项目都能够合理地用货币进行衡量。原则上，减排的成本都可以分解为可计算的货币支出。但是，阻止全球气候变化带来的收益则很难定量地测算。阻止全球气候变化带来的收益是指所避免的全球气候变化带来的破坏，即挽救的生命和财产损失。问题是其中的许多收益在本质上是无价的和不可预测的。

经济学家们一直苦于如何给表面上无法定价的事物赋予有意义的货币价值，如人类的生命和健康以及生态系统。一条人命是值 600 万美元，还是 6 亿美元？无论问谁，他都会告诉你，他的生命是无价的。难道只是由于对一生的预期收入明显不同，救一位美国人的命要比救一位印度人的命更有价值吗？仅仅因为北极熊更被人熟悉和喜爱，我们就可以认为它比博伊德（Boyd）的森林龙（澳大利亚的一种蜥蜴，预计气候变化会使其数量骤减 20%）更值钱？对这些问题的看法可能有些武断，但是事实如此。成本—收益分析的最大问题就是给通常不在市场上买卖的物品赋予货币价值。在对

① 见参考文献 DeGanio（2009）。

全球气候变化问题进行成本—收益分析时，这一问题会更加突出，因为全球气候变化会带来巨大潜在的生命损失、动植物物种消失和自然生态系统的破坏①。

2.2.1 对未来的贴现

即使我们都同意给挽救的生命、生态系统和财产损失标上一定的价格，我们还必须考虑另外一个基本问题。我们这一代的多数人并不能见证全球气候变化的最坏结果，但我们的孩子能够，最有可能的是我们的孙子会感受到它的影响。我们采取行动，还是不采取行动，对尚未出生的那一代人的影响要大于对我们的影响。并不是只有我们的福利面临威胁。那么，我们今天是否愿意为保障我们未来子孙的福利而付出代价呢？

几乎每个人在决策的时候都倾向于将未来的结果贴现。我们往往优先考虑当前的需要和欲望，然后对稍后发生的需要和欲望赋予较小的权重或重要性。同样的道理也适用于经济学。把今天挣的1美元看得比将来挣的1美元更重要是很正常的。一鸟在手胜于二鸟在林，不是吗？只要利率为正，我们今天投资1美元，将来的回报一定多于1美元。将来我们也许会变得更富有，但那时的1美元可能不如现在的1美元值钱。我们也许没有耐心，宁愿把钱用于今天的消费，而不会等到将来再消费。所以我们会将拯救气候变化中的子孙后代的这种收益贴现，并十分看重今天我们为阻止全球气候变化而付出的成本。

在金融市场上对未来短期内的收益进行贴现是标准的惯例。明年获得的1美元的价值要小于今天手中的1美元的价值，这也是我们为什么要付给银行贷款利息。这种贴现的习惯使我们不愿意采取行动阻止全球气候变暖，因为它的效果是长期的。通过贴现，我们明显低估了我们带给子孙后代的损失，从而淡化了我们对子孙后代的担忧。假如2011年全球气候变暖带来的损失是10亿美元，如果按6%的贴现率贴现，2010年这些损失只有9.4亿美元；如果这些损失只晚发生一年，即发生在2012年，2010年它

---

① 见参考文献Ackerman等（2009）及Ackerman，Heinzerling（2004）。

只相当于 8.88 亿美元[1]。这些损失的价值会随着时间的推移而呈指数下降。距今 100 年的 1 万亿美元损失，如果按 6% 的贴现率贴现，今天也只相当于 30 亿美元。这还不如石油公司一年的收入，因此，不会引起全球的关注。问题是一样的，无论我们采用的贴现率是 6% 还是 5%，甚至是 2% 或 1%，按任何一个贴现率计算，我们带给子孙后代的损失的现值都会按指数减少。

将我们子孙后代的福利贴现合适吗？经济学家们一直在思考这一问题。在这方面最著名的论著是弗兰克·拉姆齐（Frank Ramsey）1928 年的论文。他在文中写道："假设我们不为了与现值相比而将未来的效用贴现，因为那样做是不道德的，它的出现仅仅是由于我们缺乏想象力。"[2]

如果我们相信我们的子孙后代远比我们现在富有，并且能够很好地应对全球气候危机，那么对未来进行贴现也许是恰当的。但是，万一他们并不富裕呢？如果我们不立即采取行动阻止全球气候变化，我们将会给我们的子孙后代留下一个支持他们生存和经济活动的能力都大为削弱的地球。在这种情况下，我们今天特别看重的 1 美元事实上就要比他们那个时代的 1 美元值钱。我们应该多给他们留一点而不是少留一点财富，因为全球气候变化会使他们的生存环境更加恶化。下一代人的生活水平可能无法超过当代人的生活水平，对于工业化国家来说还是有史以来第一次。历史的车轮可能倒转，人类正面临被毁灭的威胁。

但是，即使假设我们的子孙后代会比我们富裕，我们也没有理由对未来全球气候变化的后果大打折扣。大多数人不会因为外孙女晚出生了一代而对她们的珍爱程度就少于对女儿的珍爱程度[3]。如果我们想保持地球支撑我们子孙后代生存的能力，我们今天就应该在阻止全球气候变化方面进行投资。贴现对于一些金融决策来说是必要的，但我们不能让这种贴现淡化了我们对当前减排的迫切性的认识。不要等到将来地球的安全和我们子孙后代的福利都受到威胁时才采取减排行动。

① 原书的数据如此。译者注。

② 见参考文献 Ramsey（1928）以及 Ackerman 等（2009）和 Heal（2000）。

③ 见参考文献 Ackerman，Heinzerling（2004）。

2.2.2 风险评估

我们应该如何评价子孙后代所面临的风险呢？我们对全球气候变化带来的风险知之甚少。实际上，它的风险程度依赖于我们的行动，而且是集体的、义无反顾的。在不能事先知道全球气候变化会带来什么风险的时候，我们应该如何决定投资的规模呢？

全球气候风险管理并不是新鲜事物。事实上，像气候风险等环境不确定性是不确定性的最古老形式。在中世纪的英格兰，每位农民的土地都被分割成许多分散的小块。历史学家将这种现象解释为避免气候风险的一种方式[①]。位于不同地点的土地受干旱、洪水和霜冻等自然灾害的影响程度会不同，因此，通过分散分布土地、组织农业合作和购买保险等方式，农民成功地避免了气候风险。

然而，今天对全球气候变化的关注却表现出两个新特点[②]。其中之一是，其潜在的破坏范围是全球性的。全球气候变化将以同样的方式影响世界上大多数人口。例如，海平面的上升将影响全球海拔比较低的沿海地区。另外一个特点是，全球气候风险是由人类活动造成的。与人类无法控制的地震或火山爆发等风险不同，全球气候变化的风险依赖于我们的行动[③]，即取决于我们能否尽快和大幅度地减少二氧化碳排放。气候总是变幻莫测的，上述两个新特点又显著地强化了它的不确定性。

全球气候变化的风险难以预测。科学家们为我们提供了很好的思路去估计全球气候变化带来的损失的类型和程度。我们没有应对系统的全球气候变化的经验可资借鉴，我们也就无法推断将来气候变化给我们带来破坏的可能性。虽然我们可以根据某种疾病的发病率和死亡率来估计每个人感染该疾病的风险，但是，对于全球气候变化我们无法通过反复实验来估计它的风险。而且，这种破坏是不可逆的。极地冰帽消融、物种消失和荒漠化都是不可逆

---

① 见参考文献 Bromley（1992）。

② 见参考文献 Chichilnisky，Heal（1993）。

③ 我们人类活动所引发的风险由齐切尔尼斯基（Chichilnisky，1996a）引入经济学文献，她的该篇论文在奥斯陆大学获得利夫·约翰森（Leif Johansen）奖。

的过程，至少是在人类的时间尺度上是不可逆的。消极等待只能加大全球气候变化越过临界点进入不可逆过程的风险。

既然估计全球气候变化的破坏性或者说估计阻止全球气候变化的预期收益存在如此之多的不确定性，那么，我们还怎么估计到底应该投入多少去阻止全球变暖呢？我们无法估计。没有精确的估计和魔幻般的数据可以用于评估气候政策的经济意义。简单的成本—收益分析框架不适用于阻止全球气候变化的投资决策，因为存在太多的风险，存在太多的未知因素，存在太多经济学无法明确解释和度量的现象。我只想说，如果科学家对全球气候变化及其后果的认识是正确的，并且我们有理由对此深信不疑，那么，避免全球气候变化就一定具有重要的经济意义。保护地球气候系统的收益一定超过成本，尽管我们不能精确地度量它的收益。但收益怎么能不超过成本呢？

2.2.3　我们能负担得起未来吗？

气候问题争论的焦点是一个涉及上万亿美元的问题。解决全球气候变化问题耗资巨大，那么，耗资到底有多大？我们能支付得起吗？

我们确实无法预知阻止全球气候变化需要多少投资。阻止气候变化的成本取决于我们能否迅速采取行动。拖得越久，为使大气中二氧化碳的含量降到一定水平而需要减排的数量就越多，投资成本也越高。如果我们关心阻止全球气候变化需要花费的成本，拖延就一定不是明智之举。

我们也不知道新技术什么时候能够出现，新的技术又是怎样的。虽然《京都议定书》的碳交易市场还很不成熟，但是，在它产生之前，人们没有减排的积极性，因为没有人会因他们减排而给他们付钱。在第3章和第4章重点介绍的碳交易市场会奖励那些减排者，而惩罚那些不减排者。毫无疑问，这将催生新的技术和新的经营管理方式。但是，我们并不确定这些新的技术和经营管理方式是什么。

我们确实对阻止全球气候变化需要花费的成本做过一些估计。虽然我们对这些估计半信半疑，但它们至少使我们意识到气候争论中什么是最紧迫的[①]。最近的研究表明，世界各国需要投资相当于它们每年 GDP 的 1% ~ 3% 来阻止大气中温室气体水平的持续提高[②]。也就是说，每年都要留出相当于世界生产总值的 1% ~3% 用于减排。总的来看，还不算太多。但是，我们说过，成本是在不断增加的。我们等得越久，世界就会变得越暖，气候变化的破坏性就会越大，我们阻止全球气候变化的成本也就越高。2006 年，世界银行前首席经济学家尼古拉斯·斯坦先生（Nicholas Stern）在给英国政府的著名报告中指出，为了阻止气候变化，世界每年需要花费相当于全球 GDP 的 1%。斯坦还警告说，如果我们不立即削减二氧化碳排放，将来世界的损失会达到每年全球 GDP 的 5% ~20%。我们越是拖延，气候变暖跃过临界点的可能性越大，世界的损失也就越大。

为了讨论，我们设想成本最高的情形，即阻止全球气候变化每年需要花费相当于全球 GDP 的 3%。这值得吗？如何回答这个问题，完全取决于你所处的立场。富裕的工业化国家，如美国，正常年份每年经济增长 2% ~3%。每年拿出 GDP 的 3%，意味着美国人的生活水平要与上一年大体持平。当然这不意味着退回到石器时代的水平。如果 2007 年美国将 GDP 的 3% 用于阻止气候变化，那么就相当于美国花费 3 500 亿美元或平均每人 1 170 美元[③]。没人会说这笔支出不算大，但是它却远远小于其他类似的支出。2008 年 9 月，当美国次贷危机爆发导致主要的投资银行倒闭的时候，美国的金融资产在 24 小时之内就缩水了 4 000 亿美元。“叶！”就没了。为了应对金融危机，美国在其最初的救市计划中就出资 7 000 亿美元帮助濒临绝境的银行渡过难关。美国在伊拉克战争中的总支出将超过 1 万亿美元，而实际上美国人对于伊拉克战争的支持程度明显弱于对阻止气候变化的支持程度[④]。因此，阻止全球气候变化的支出应该还在美国人愿意支付的范围之内。

对于贫穷国家来说，拿出 GDP 的 3% 是难以承受的。这就可以解释为什么大多数贫穷国家不愿意承担温室气体减排的义务。拯救《京都议定书》

---

① 见参考文献 Ackerman 等（2009）。

② 见参考文献 Stern（2006）。IPCC 第四次评估报告评估了实现最低的二氧化碳稳定目标（445 ~535 ppm）的成本，没有研究认为会超过全球 GDP 的 3%。较高稳定目标的成本预计达到全球 GDP 的 2% ~2.5%。

③ 见参考文献 Ackerman 等（2009）。

④ 无党派国会预算办公室估计的伊拉克战争的长期成本。

的关键也在于为贫穷国家找到既能使其实现减排目标又不用支付成本的办法。关于这个问题，在后面的章节中将进行详细的论述。

2.3　风险太大，不容忽视

既然我们已经知道了阻止气候变化需要付出的成本，那让我们再一次提出这个问题：我们能负担得起未来吗？

事实是我们不能。不管阻止全球气候变化的支出可能精确到全球 GDP 的 1% 或是 3%，与我们当前坐以待毙的潜在巨额损失相比都只能算是九牛一毛。如果不及时阻止全球气候变化，世界每年的损失可能会是全球 GDP 的 20%[①]。这可能不亚于大萧条（1929 年源于美国的世界经济危机）给世界带来的经济损失。我们给予我们子孙的将是一笔多么糟糕的遗产。虽然目前这两种结果都还没出现，但如果现实一点，投入全球 GDP 的 1% ~3% 就可以避免相当于全球 GDP 20% 的损失是划算的。

让我们来看更多的证据。最近的研究表明，如果全球气候变化持续下去，飓风造成的破坏、海平面上升带来的财产损失以及能源供应和供水成本的增加，合计会使美国每年损失 1.9 万亿美元或其 GDP 的 1.8%。气候变暖给美国每年整体经济带来的损失可能会高达 GDP 的 3.6%[②]。现实中，美国的经济增长率大部分年份都在 3.6% 以下。这意味着全球气候变化的破坏力大到足以降低美国人的生活水平。

OECD 最近的预测结果更为严重。它预测了 2070 年全球气候变化引发的沿海洪涝灾害给世界上最大的 20 座城市造成的经济损失（见表 2 - 1）。根据它的预测结果，世界各主要沿海城市的财产损失分别为：迈阿密 3.5 万亿美元，纽约 2.1 万亿美元，加尔各答 1.9 万亿美元，上海 1.7 万亿美元。到 2070 年，世界上将有 1.5 亿人口受到沿海洪涝灾害的威胁，仅洪涝灾害造成的财产损失就会超过 35 万亿美元[③]。

---

① 见参考文献 Stern（2006）。

② 见参考文献 Ackerman，Stanton（2008）。

③ 见参考文献 OECD（2007）。

表 2-1　受全球气候变化引发的沿海洪涝灾害影响最大的 20 座城市*

影响程度	国家	城市	当前的潜在损失（10 亿美元）	2070 年的潜在损失（10 亿美元）
1	美国	迈阿密	416	3 513
2	中国	广州	84	3 358
3	美国	纽约—纽瓦克	320	2 147
4	印度	加尔各答	32	1 961
5	中国	上海	73	1 771
6	印度	孟买	46	1 598
7	中国	天津	29	1 231
8	日本	东京	174	1 207
9	中国	香港	36	1 164
10	泰国	曼谷	39	1 118
11	中国	宁波	9	1 074
12	美国	新奥尔良	234	1 013
13	日本	大阪—神户	216	969
14	荷兰	阿姆斯特丹	128	844
15	荷兰	鹿特丹	115	826
16	越南	胡志明市	27	653
17	日本	名古屋	110	623
18	中国	青岛	3	602
19	美国	弗吉尼亚海滩	85	582
20	埃及	亚历山大	28	563

注：* 按城市在 2070 年沿海洪涝灾害中的财产损失额排序。

资料来源：Rank of the World's Coastal Cities Most Exposed to Coastal Flooding Today and in the Future，OECD，2007。

全球气候变化给人类造成的生命损失会更大。世界卫生组织（WHO）的研究将全球每年 15 万人的死亡和 500 万人的疾病归因于全球气候变化①。海平面每上升 1 米（3 英尺），就会有 2.2 平方公里（0.8 平方英里）的陆

① 见参考文献 McMichael 等（2003）。

地被淹没，这主要分布在亚洲，其结果是 1.45 亿人无家可归，全球财产损失将达 9 440 亿美元[1]。由于永冻土的融化，阿拉斯加的一些城镇已经沉入海底，如果阿拉斯加的所有城镇迁址重建的话，将给每位阿拉斯加人增加 14 万美元的负担[2]。飓风卡特里娜给新奥尔良带来的损失使人们清醒地认识到了全球气候变化的后果有多么严重：超过 1 500 人丧生，70 万人疏散，几十万人至今无家可归。

世界上最大的再保险公司——瑞士再保险公司（Swiss Re）证实，自然灾害的破坏性和造成的损失都呈上升趋势。其数据显示，2007 年全世界有 1.46 万人死于自然灾害，其中大部分分布于亚洲，而且灾难主要来自暴风雨和洪水。仅孟加拉国和印度两国就有 6 700 人丧生。2007 年自然灾害造成的财产损失高达 700 亿美元。其中的大部分财产损失都未被保险覆盖，尽管 2007 年全世界的保险公司对自然灾害造成的损失赔付了 233 亿美元。2007 年，保险公司赔付的损失中 84% 是由自然灾害造成的[3]。因此，像瑞士再保险公司这样的保险公司呼吁政治领袖们尽快找到应对全球气候危机的办法也就不足为奇了。

2.4 为子孙后代保险

减少二氧化碳排放就相当于为我们的子孙后代买了一份保单。它是一场不能输的赌博。即使全球气候变化的后果并没有科学家们所预言的严重，减排也会使我们增加对新产业的投资、创造新的就业机会、开发新技术及提高效率和生产率。如果它的后果正如今天所预测的，我们就保护了我们子孙后代的生命与财产安全。

面对危机，公共政策的制定者必须要找到预防性的措施。就像为房子投保火险一样。虽然我们不能确定灾害是否会发生，但还是谨慎为好。人们通

---

① 布里斯托尔大学 Mark Sidall 的估计，参见 http：//www. theguardian. com/science/2008/sep/01/sea. level. rise

② 见参考文献 Yardley（2007）。

③ 见参考文献“Swiss Re Economic Research and Consulting”，Sigma 2008（1）。

常为自己保险，尽管那些风险发生的可能性要比气候变化风险发生的可能性小得多。如房子着火或被洪水冲垮的概率几乎为零，但是，人们还是愿意为防范这些风险而花大量的钱投保。另外一个例子就是健康的年轻人肯花钱买人寿保险。人们宁愿为自己投保，尽管那些风险降临在他们身上的可能性远远小于爆发全球性气候灾难的可能性。他们之所以这样做，是因为他们对留在他们身后的亲人更有爱心和责任感。他们的决定是为活在当代或尚未出生的人的福利在承担责任。但是，为什么人们在全球气候变化这个问题上就不能如此谨慎和具有责任感了呢?

我们应该将气候政策看做防范潜在的气候风险的一张保单。我们必须谨慎行事。与全球的气候灾难相比，其他风险都是无关紧要的。而且，等到为时已晚的时候，我们才能理解全球气候变化影响的确实性。

如果我们将减排看做为我们的地球和子孙后代保险，我们的付出就是非常有意义的，因为它可以将风险降到最低程度。在这种情况下，“保费”就是我们减少主要由工业化国家排放的二氧化碳应付的成本。前文提到，为了最小化全球气候变化的风险，我们需要花费相当于全球 GDP 的 1% ~3%。我们已经达成共识，这笔“保费”应足以阻止全球气候变化最糟糕情况的发生。

从为我们的地球和子孙后代保险的角度来看，为降低大气中的二氧化碳含量而花费相当于全球 GDP 的 1% ~3% 是非常值得的。而且，这笔支出要少于目前全世界的个人财产保险费。表 2 -2 详细列出了代表性年份——2007 年全世界所有的非人寿保险。这些保险覆盖了从洪水、火灾和台风等自然灾害到飞机失事、火车事故和轮船失事等人为灾难的所有损失[①]。

从表 2 -2 中可以看出，2007 年全世界针对人为和自然灾害损失的保险费占全球 GDP 的比重为 3. 1%，人均 250 美元。如此巨额的保险费只是针对发生的可能性极低的风险，而不是针对代价惨重的灾难，对此你感到意外吗? 答案是肯定的。几年前，《京都议定书》的反对者们曾宣扬，阻止全球气候变化的成本超出了世界各国的承受能力。但事实是这种成本还不及目前针对人为和自然灾害损失的世界财产保险总额。

---

① 见参考文献“Swiss Re Economic Research and Consulting”, Sigma 2008 (3)。

表 2－2　　　　　　2007 年世界保险的覆盖情况*

	保险费（百万美元）	增长率（%）	世界市场份额（%）	保险费占GDP 的比重（%）	人均保险费（美元）
北美	706 116	－1	42	4.6	2 115
拉丁美洲和加勒比海地区	51 588	8	3	1.5	91
欧洲	644 751	1	39	3.0	740
西欧	588 443	0	35	3.2	1 124
中东欧	56 308	12	3	2.1	173
亚洲	706 116	5	13	1.6	54
日本及亚洲工业化经济体	147 187	2	9	2.4	687
南亚和东亚	52 518	14	3	0.9	15
中东和中亚	17 427	10	1	1.1	57
大洋洲	33 011	0	2	3.2	988
非洲	15 183	1	1	1.2	16
世界	1 667 780	1	100	3.1	250
工业化国家	1 472 209	0	88	3.6	1 435
新兴市场国家	195 571	10	12	1.3	34
OECD	1 481 257	0	89	3.5	1 209
G7	1 170 669	－1	70	3.7	1 556
欧盟 15 国	552 376	0	33	3.2	1 292
北美自由贸易区	715 879	－1	43	4.4	1 626
东南亚国家联盟	14 370	6	1	1.0	25

注：* 包括针对人为和自然灾害损失的保险，不包括人寿保险。

资料来源：Swiss Re，Economic Research & Consulting，Sigma No. 3，2008.

2007 年，北美针对平均破坏性小于气候变化风险的财产保险支出占其GDP 的 4.6%，人均 2 115 美元；欧洲的同类保险支出占其 GDP 的 3%，人均 740 美元。欧洲人和北美人买保险为了什么？当然是为了防灾减灾。全球气候变化使洪水、飓风、台风和干旱等自然灾害的发生频率与强度都明显增强。2007年，自然灾害的发生数量占世界灾害发生总数的42%，导致的死亡人数占因灾害致死的总人数的68%，所造成的财产损失占全部参保财产损失的84%①。

当然，在美国、加拿大和欧洲，没有人会反驳每年花费如此之多在灾害险上这种逻辑。那么，为什么我们就不能把这种逻辑用在全球气候变化上呢?

考虑到投资回报，避免全球气候变化的保险费就是一个比较好的投资。2007年，全世界花费了全球GDP的3.1%、共计1.7万亿美元在非人寿保险上。当年的灾难损失仅略多于全球GDP一个百分点的1/10。而且，大部分损失都没有参加保险。700亿美元的灾难总损失中，只有276亿美元的损失参加了保险②。

相比较而言，避免灾难性气候变化的保险费只相当于全球GDP的1%~3%。根据《斯坦报告2006》的估计，在现在以至永远我们至少可以避免相当于全球GDP的5%的损失③。如果所预测的最坏结果发生，我们的保险费就可以使我们避免相当于全球GDP的20%或者更大的损失。

目前个人所付的火灾和洪水保险支出，几乎从未见到有现金返还。针对全球气候变化而保险，我们今天的支出能够避免将来的损失。我们的子孙后代是最主要的受益者。而且，这笔为了避免未来气候恶化而支付的保险费也会使我们当代人受益。让我们来看其中的原因：例如，在美国，与能源密切相关的经济部门不是典型的劳动密集型部门，这意味着这些部门在生产过程中使用更多的资本（机器和设备），而不是劳动力。因此，因能源转换而在新技术和新产业上的投资将会创造更多就业及赚钱的机会。用于提高能源效率的投资，可以使家庭和企业节约能源成本，进而能够消费更多的产品与服务，与提供能源的部门相比，这又创造了更多的就业机会。

所有证据都表明，针对将来的气候灾难进行保险是一个谨慎明智的投资选择。这个逻辑如此令人信服以至于只有两个可能的理由来否定它：或者我们不相信科学，或者我们要对子孙后代的福利进行贴现。就这个问题而言，

① 见参考文献“Swiss Re Economic Research and Consulting”, Sigma 2008（3）。
② 见参考文献“Swiss Re Economic Research and Consulting”, Sigma 2008（1）。
③ 见参考文献Stern（2006）和IPCC（2007）。

科学是可信的。那么，难道我们真的不在乎我们子孙后代的福利吗？事实胜于雄辩。我们早就该采取行动了。

2.4.1　谁该为未来买单?

谁应该为保护我们的子孙后代免于气候变化的侵害支付保险费？这是一个有争议的问题，但关于答案已经基本达成共识。对全球气候变化负有主要责任的工业化国家应该在解决气候危机过程中起带头作用。不仅因为这些国家排放了全球 2/3 的二氧化碳，还因为它们的高收入使它们比非洲、亚洲和拉丁美洲国家更有能力承担减排义务。目前，非洲、亚洲和拉丁美洲国家的大多数人口每天的生活费还不到 2 美元[①]。

为了拯救《京都议定书》、实现我们为未来保险的目标，我们需要延长《京都议定书》2012 年这一有效期，并为发展中国家找到抑制二氧化碳排放增长的有效办法，同时将减排所需的大部分支出分配给对全球气候变化负有主要责任的国家。听起来不可能？一旦我们理解全球碳交易市场所具备的减排和成本分配的功能，这就是可能的。

正如我们在第 4 章将要看到的，全球碳交易市场所能做的最重要的一件事就是给二氧化碳排放定价。直到最近，排放二氧化碳都不用支付成本，所以就不存在减排的动机。在不远的将来，全球碳交易市场上碳的交易价格可能会达到每吨 30 美元。目前，全世界每年约排放 300 亿吨二氧化碳。如果我们要求二氧化碳的排放者按每吨 30 美元的价格支付排放成本，每年的总支付额将达到 9 000 亿美元，约相当于全球 GDP 的 1%。这个数字听起来熟悉吧？它与预计的为避免灾难性全球气候变化发生而需要支付的成本很接近。

这意味着什么？这意味着，碳交易市场机制迫使二氧化碳排放者为其排放买单，所形成的收入刚好抵销了预计的阻止灾难性全球气候变化发生而需要支付的成本。还记得我们提出花费少于全球 GDP 的 1% 为全球气候变化保险是有意义的吧？现在，我们找到了支付保险费的办法。碳交易市场确保由

---

① 见参考文献 Chichilnisky (2009a) 和 World Bank (2006, 2007)。

二氧化碳排放者负担这笔费用，它们将为我们支付这笔保险费。

这还意味着，全球经济最终不会因为全球气候变化的严重威胁而恶化。通过给过去免费排放的二氧化碳定价，碳交易市场创造了一个新的收入来源，可以用来支付减排所需的费用。二氧化碳的排放者也将是减排支出的支付者。碳交易市场将减排成本转嫁给了二氧化碳的排放者。对于世界经济来说，减排的净成本为零。

这听起来好像是用一种难以置信的办法去解决一个复杂的全球问题。不幸的是，拯救《京都议定书》可不是如此简单。二氧化碳的排放者们很清楚碳交易市场对它们来说意味着什么。它们严阵以待地准备反对。

2.5 短期解决—长期挑战

化石燃料是全球三个关键问题——能源安全、经济发展和气候变化的一个“戈尔迪结”[①]。化石燃料时代使我们面临一个残酷的选择，即在经济发展、能源独立与稳定的气候环境中做出选择。目前，我们不能三者兼得。当前的地缘政治冲突表现为多种形式。化石燃料是当今世界上最主要的能源。它们在地壳中分布很不均匀，从而引发战争和冲突，加强了能源安全与能源独立的迫切性。同时，经济发展仍严重依赖于能源利用。就当代经济而言，能源即意味着化石燃料。

长期来看，我们唯一的出路在于让能源利用与二氧化碳排放脱钩，即开发清洁能源和可再生能源。但这在短期并不可行，因为必须全面更新化石燃料基础设施，当前所需投资约为40万亿美元，按目前的趋势看，到21世纪末该项投资将达到400万亿美元[②]。短期和长期面临的问题不同，解决的办法也不同。

时间不等人。IPCC的科学家们认为，在未来的20~30年我们需要稳定或减少大气中的二氧化碳含量。避免二氧化碳排放的进一步增加并不能彻底解决短期我们所面临的问题。即使我们将二氧化碳排放保持在现有的水平

① 意为难解的结、难题、难点。源于古希腊传说。——译者注。

② 见参考文献Chichilnisky，Eisenberger（2007，2009）。

上，大气中的二氧化碳含量还会以每年300亿吨的速度增加，因此，我们还在提高大气中的二氧化碳浓度。

解决该问题的有效方法就是“负碳”——一种技术类型，其中还细分为几种。“负碳”技术能真正减少大气中二氧化碳的绝对量。它不同于简单的减排技术，当前的减排技术最多只能使大气中的二氧化碳含量保持不变。例如，受到美国国会和参议院高度重视的“洁净煤技术”，可以实现少排放或零排放的目标。然而，煤炭的开采过程并不洁净。

从碳排放的角度看，“洁净煤技术”具有中性碳足迹，但它最多只能使大气中的二氧化碳含量保持不变。这也只是一种权宜之计，因为煤炭开采还会带来其他形式的环境破坏。即使我们暂时不考虑这一问题，“洁净煤技术”本身也不是有效的。新的火电厂自己处理所排放的二氧化碳确实是一大进步，但是，它同时也产生了沉重的经济负担，而且无论如何它仅仅是稳定而没有降低大气中二氧化碳含量增加的速度。此外，发展这样的火电厂同我们力图有序地向非化石燃料转换的长期目标相悖。短期目标要为长期目标服务，这一点很关键。我们不能只顾眼前利益而陷入与长期目标相悖的陷阱。直接从以化石燃料为原料的火电厂中吸取二氧化碳只能拖延时间，并不能根本解决问题，而且还会影响用可再生能源代替化石燃料的长期目标的实现。

我们所探索的长期解决办法是彻底摆脱化石燃料。这可以尽快打开前面所说的使能源利用、经济发展和气候变化相互矛盾的“戈尔迪结”。由化石燃料向广泛分布的替代能源①的长期转换，既可以使经济发展和安全的目标得以实现，又不会带来全球变暖问题。长期来看，化石燃料不可避免地会被新能源所取代，因为化石燃料的供给是有限的。能源替代是未来实现可持续发展的必要条件，迅速增加的世界能源需求也要求进行大规模的能源替代②。替代能源的供应不是问题。仅太阳能一项，如果只利用照到地表的太阳能的1%，就能够满足以10倍速度增长的世界能源需求。而且，太阳能在地球表面的分布是绝对均匀的。太阳公平地照亮所有国家。

然而，只有长期是乐观的。值得注意的是，长期的解决办法并不适用于短期。向替代能源的转换预计需要很长时间，因为当前世界能源消费中的绝

① 风能、生物质能源、太阳能、地热能和核能，也许还包括聚变能源。

② 据估计，到21世纪末能源消费量将是目前的5～10倍。来自美国能源部的资料。

大部分是石油和煤炭等化石燃料[①]。正如前面所指出的那样，这种转换需要时间和新的、大规模的、昂贵的基础设施[②]。然而，只要我们继续使用化石燃料和排放二氧化碳，我们就仍在增加大气中温室气体的浓度和全球灾难性气候变化的风险[③]。

2.5.1 那么，短期的解决办法是什么？

实际上，摆脱对化石燃料的依赖并不是一蹴而就的事情。由于需要全面更新能源基础设施，所以急剧地削减二氧化碳排放几乎是不可能的[④]。事实上，急剧削减化石燃料消费可能会导致富裕国家和贫穷国家的经济崩溃。像中国和印度等快速增长的国家对煤炭的依赖性很强，美国与俄罗斯也是如此。目前，水电只占世界能源消费总量的6%，与核电所占比例大致相当，可再生能源只占世界能源总产量的1%。在短期内急剧减少化石燃料的消费量似乎是不现实的，这也是为什么要求火电厂吸收并安全储存其排放的二氧化碳的呼声越来越高。

由于我们强调长期，所以要考虑替代能源的供应能力问题。替代能源必须具备相当于当今世界能源消费总量5~10倍的供应能力，这是21世纪末世界能源的基本需求量[⑤]。五种主要的可再生能源（水电、地热、太阳能、风能、生物能源）和核电，要么由于供应能力有限，要么由于会带来其他问题而都不具备替代化石燃料的能力。例如，生物能源与粮食生产相冲突，而且单位面积土地的效率远低于太阳能（单位面积土地产生的生物能源数量只相当于太阳能的3%）；水电供应能力有限，还会对环境产生负面影响。但是，太阳能，尤其是“聚焦式太阳能技术”（Concentrated Solar Power，CSP），很容易满足需求，对环境的影响也比较小。因此，综合利用这些新能源，包括

---

① 目前能源利用的89%是化石燃料，不到1%来自可再生能源；0.01%来自太阳能。

② 见参考文献Cohen等（2009）和Eisenberger，Chichilnisky（2007，2009）。

③ 科学家们认为存在达到“临界点”的可能性，即引发灾难性气候变化的温度水平，这是自然界典型的综合反馈效应。一般认为地球气候就是其中的一种。总的来看，人们认为这种风险是“重尾”分布，所以罕见事件比通常预料的更频繁。

④ 在短期内摆脱化石燃料会带来一些不利的社会影响，因为人类生活对能源的依赖程度很高。

⑤ 见参考文献Chichilnisky，Eisenberger（2007，2009）和美国能源部。

太阳能，即构成了长期的解决办法。

短期内，大约 10 年的时间，我们需要“负碳”技术，这暗示了一种减少大气中二氧化碳含量的方法。技术发展战略应该能够同时兼顾短期和长期目标，实现短期向长期的转换。这个要求有点苛刻，因为这样的技术，在长期，必须能够促进能源转换，所转换的能源还必须能够满足日益增长的能源需求；在短期，必须能够允许继续使用化石燃料，同时还要降低大气中二氧化碳的浓度。

在几种可能的技术中，有一种由齐切尔尼斯基和彼得·爱森博格（Peter Eisenberger）介绍的称作“全球自动调温器”（Global Thermostat）的技术，它通过吸取和储存空气从而实现了发电和减排双重功效（将热电联产与碳捕捉有机结合起来）[①]。在这个过程中，大气中的二氧化碳浓度会随着电能的产生而减少。这项正在申请专利的技术是利用发电产生的余热来捕捉大气中的碳。电是用高热——约 300°C（570°F）驱动涡轮旋转产生的，高热用完以后余下的低热可以用来捕捉空气中的碳。这个过程可以利用任何热能（如化石燃料、核能和聚焦式太阳能发电厂、炼铝厂、精炼厂以及其他工厂的余热）来发电和捕捉碳，从而使以化石燃料为原料的发电厂成为“碳的储存罐”，即真正减碳的场所[②]。这种发电与碳捕捉的有机结合是非同寻常的，也同化石燃料经济的现实形成了鲜明对照。在化石燃料经济中，发电越多，排放的二氧化碳也越多。这种技术却恰好相反，发电越多，从大气中捕捉的二氧化碳也越多。这就真正阻止了人类引发的全球气候变化，因为它让我们在短期实现了碳中和，并实现了从短期向未来的可再生能源的有序转换，促进了能源安全和经济发展。

正如余下各章所指出的，《京都议定书》确保了发展中国家在本国境内的减排可以获得补偿。通过《京都议定书》的清洁发展机制（Clean Development Mechanism，CDM），富裕国家可以从发展中国家购买经过核证的碳补偿，并应用于本国的减排目标。“负碳”技术使发展中国家通过 CDM 要比通过简单的稳定排放技术得到更多的经济补偿。无论是在利用碳中和能

① 见参考文献 Jones（2008，2009）；Eisenberger，Chichilnisky（2007，2009）。在生产电力的同时从空气中捕捉二氧化碳，称为热电联产。

② 见参考文献 Cohen 等（2009）和 Chichilnisky（2008a）。

源资源发电方面，还是在通过捕捉和储存空气来减少大气中二氧化碳含量方面，“全球自动调温器”技术工厂都是值得推崇的。这样，CDM 会成为支持发展中国家建设“全球自动调温器”技术工厂强有力的金融工具。另外，在长期，这会为发展中国家提供清洁能源基础设施；在短期，会向发展中国家转移技术和大量的清洁能源，从而促进发展中国家的经济发展①。这只是其中的一个例子。

然而，更为重要的是，这种技术在减少所有国家面临的气候风险的同时，还能使贫穷国家之间公平竞争。最近，由《京都议定书》的 CDM 引发的在贫穷国家的投资热潮已经使一些贫穷国家所获得的利益超过了其他国家。目前，大部分投资都流向了中国来建设水电站、风力发电厂，以及最近的天然气发电厂。

非洲在《京都议定书》的 CDM 项目中发挥的作用很小。在《京都议定书》框架下，它只得到了少量的技术和财富转移，因为它消费了很少的能源，也排放了很少的二氧化碳。目前，《京都议定书》和 CDM 都侧重减少二氧化碳排放。由于拉丁美洲和非洲没有多大的减排空间，在《京都议定书》和 CDM 的框架下它们也就毫无用武之地。

所有这些都会随着“负碳”技术而改变。“负碳”技术可以向非洲或拉丁美洲转移，并使这些地区在阻止全球气候变化的过程中发挥更大的作用。运用“负碳”技术，非洲可以大量减少大气中的二氧化碳，从而成为 CDM 项目的出色候选者，也许比中国还要有优势。这是痴人说梦吗？运用该技术，非洲可以捕捉世界二氧化碳存量的 30%，尽管它只排放了其中的 3%。非洲能拯救世界吗？为了回答这个问题，我们必须首先探究《京都议定书》及其碳交易市场和 CDM。

① 见参考文献 Eisenberger，Chichilnisky（2007，2009）。

第 3 章

通向《京都议定书》之路

《京都议定书》不是解决全球气候危机的最终途径。这仅仅是个开始，它是人类解决全球气候变暖问题的初步尝试。但是，它却为解决人类当前所面临的最严重的全球环境问题——气候变化也许还包括其他问题埋下了种子。《京都议定书》是人类尝试通过缔结国际协议减少全世界温室气体排放的开端。它是这条路的起点，而不是终点。根据条款规定和预定设想，《京都议定书》于2012年年底到期。

《京都议定书》诞生于1997年。它的形成经历了一个前所未有的漫长和曲折过程，其间包括大量信息搜集及各国之间的多次外交磋商。时至今日，这个过程还在继续。即使是结束第一次世界大战的凡尔赛公约的达成和1944年重建濒临崩溃的世界金融体系的布雷顿森林体系的建立，也没有《京都议定书》的磋商过程漫长、复杂和艰难。

《京都议定书》的形成过程也是神奇的。它包含了很多只有好莱坞大片才有的情节——悬念、戏剧性和阴谋，它使人们暂时忘记了当前所面临的严峻形势。如果全球气候灾难也是其中的一个片段，它将不会因为电影院的灯亮起来、屏幕上出现致谢人员名单而结束。事实上，我们为规避可能的灾难性气候变化风险而达成的唯一的国际协议——《京都议定书》本身也正面临风险。它在2012年年底失效之前就消亡的可能性也是存在的。

阻碍当前谈判的因素主要有两个：美国的地位问题和印度、中国等发展中国家的地位问题。迄今为止，美国仍然拒绝批准和遵守《京都议定书》。其中的原因之一是发展中国家将来很有可能会成为主要的温室气体排放者。

如养活了13亿人口的中国，其目前的排放量占世界排放总量的18%。但是，根据1992年《联合国气候变化框架公约》（United Nations Frame Convention on Climate Change，UNFCCC），中国和印度都不需要承担减排义务。美国将这一规定看做谋求可持续减排的绊脚石，并会使其减排努力付诸东流。在这背后，美国也有对全球的领导者和竞争优势方面会形成不公平竞争的担忧。中国是美国在全球经济中的主要竞争对手，在过去的10年中，中国经济以平均每年10%的速度在扩张。《京都议定书》诞生于1997年，当时的中国已经崛起为一个经济大国。

另外，发展中国家则认为要求它们减排是不公平的，因为今天它们只排放了世界排放总量的40%，而它们却养活了世界上80%的人口。目前，与工业化国家相比，它们对大气的利用还是比较节俭的，如排放量较少；相对于GDP来说，它们的能源利用效率还是较高的。图3-1表明，GDP与能源利用密切相关，因此，减排就等于降低经济增长率。

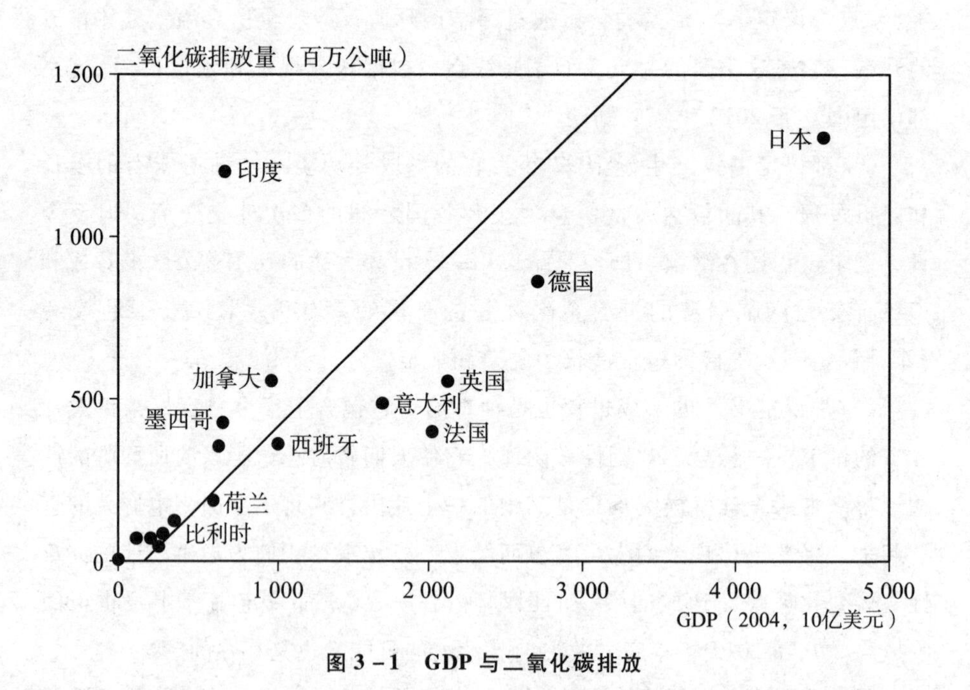

图3-1　GDP与二氧化碳排放

很明显，必须打破当前全球气候磋商的僵局，因为如果不是所有国家都减排的话，全球气候危机问题就得不到解决。解决办法中必须包括为发展中国家提出一个清晰的、可以接受的未来减排的时间表。但是，我们可能有些操之过急。为了真正了解当前的状况，我们必须从头开始讲起。《京都议定书》是如何缘起的？

3.1　权威人士关于《京都议定书》的大事年表

格瑞希拉·齐切尔尼斯基是《京都议定书》中全球碳交易市场的设计师。她就《京都议定书》的形成过程和个人的亲身经历介绍如下：气候学曾经是一门晦涩、狭窄的科学分支，然而，19 世纪的一些重要发现使它成为世界上最重要的科学研究领域之一。以下介绍了关于全球气候变化的大事年表和我个人创造《京都议定书》中碳交易市场的亲身经历。目前，来自 180 个国家的谈判代表正在试图起草一份关于 2012 年《京都议定书》到期以后解决全球气候变暖问题的计划。

3.1.1　科学基础的奠定

1824 年，法国物理学家约瑟夫·傅立叶（Joseph Fourier）在其提交给位于巴黎的法国皇家科学院（Académie Royale des Sciences）的一篇论文中首次描述了温室效应。

1861 年，爱尔兰物理学家约翰·廷德尔（John Tyndall）开展了针对热辐射并如何用含有二氧化碳的水蒸气吸收热辐射的研究。他发现，二氧化碳改变了大气的质量，从而使大气允许太阳能进来而阻止它出去。其结果就是在地球表面积蓄热量[①]。

1896 年，瑞典化学家斯凡特·阿伦尼乌斯（Svante Arrhenius）第一次提出了人工温室效应的想法。他推测，工业化以来日益增加的煤炭燃烧，增加了大气中的二氧化碳浓度，从而导致全球气候变暖。阿伦尼乌斯还试图解释地球为什么会经历冰期。他认为，预期人类的后代将生活在“一个更温

① 见参考文献 Tyndall（1861）。

暖的天空之下”是有道理的。

1938 年，英国工程师盖伊·斯图尔特·卡伦德（Guy Stewart Callendar）汇编了各个地区的气温数据，从中发现，在过去的一个世纪里，各地区的平均温度显著升高。他还发现，同期大气中的二氧化碳含量提高了 10%。因此，他得出结论：二氧化碳是造成气温升高的最主要原因。

1955 年，约翰·霍普金斯大学的研究人员吉尔伯特·帕斯（Gilbert Pass）证明了提高大气中的二氧化碳浓度能够使大气的温度升高（1959 年，帕斯大胆地预测，到 20 世纪末地球温度将提高 16°C/28. 8°F 以上）。同年，化学家汉斯·修斯（Hans Suess）发现，燃烧化石燃料会产生二氧化碳。尽管他和斯克里普斯海洋学研究所（Scripps Institute of Oceanography）的所长罗杰·雷维尔（Roger Revelle）已经宣布海洋可以吸收大部分二氧化碳，但他们还是决定继续深入研究这一课题。

1957 年，雷维尔和修斯的一篇会议论文指出：“人类正在进行一项大规模的地球物理实验。”1958 年，雷维尔和修斯聘请地球化学家查尔斯·基林（Charles Keeling）继续监测大气中的二氧化碳浓度。仅仅对南极洲两年的监测结果就显示，二氧化碳浓度已经明显增加。他所绘制的图形广为人知，被称为“基林曲线”，并成为全球变暖争论的标识。此后，每年都绘制二氧化碳浓度变化图，直至今天。

1963 年，保护国际基金会（The Conservation International Foundation）发布：“据估计，大气中二氧化碳的浓度提高 2 倍，大气的温度将上升 3. 8℃（6. 84°F）。”

1979 年，美国国家宇航局（National Aeronautics and Space Administration，NASA）宣布：“没有理由怀疑，是人类排放二氧化碳造成了全球气候变化；更没有理由相信，这些变化是可以忽略不计的。”值得注意的是，几乎 30 年过去了，这个问题依然存在。

3. 1. 2　气候变化开始受到全球的关注

1979 年，举行了第一次国际气候变化大会（The International Conference on Climate Change）。许多科学家都参加了此次会议。此次大会向国际社会介绍了气候变化的威胁，并呼吁世界各国预防潜在的气候风险。世界气候计划（The World Climate Programme）就是在这次大会上成立的。这次大会是后续许多关于全球气候变化会议的开端。

1985年，在奥地利的菲拉赫（Villach）召开了国际气候变化大会。在这次会议上，世界气候计划的科学家们充满自信地预测，二氧化碳浓度的提高将导致地球表面平均气温的显著升高。此次会议后，气候变化问题日益受到政界的关注。

同年，在南极洲的上空发现了一个臭氧层空洞。它进一步证明，人类经济活动正以一种非常危险的方式改变着地球。1987年是有历史记载以来北美最热的一年，这一热浪为人们设想的气候变化提供了一个直接的证明。三年以后，整个20世纪80年代被正式确认为有史以来最热的十年。1987年，布伦特兰委员会（Brundtland Commission）公布了其著名的报告——《我们共同的未来》，该报告向国际社会介绍了可持续发展的概念，这无异于给正在兴起的气候争论"火上浇油"。

1987年，瑞典皇家科学院北界研究所（Beijer Institute）分别在菲拉赫和贝拉吉奥（Bellagio）召开会议。之后，有关气候变化的政治时间表明显加快。显然，为了解决气候变化问题，必须首先澄清一些科学问题。这项工作由来自世界各地的跨学科专家组完成，专家组由物理学家、大气科学家、生物学家和经济学家组成，其全部工作都作为政府间气候变化专门委员会（The Intergovernmental Panel on Climate Change，IPCC）工作的组成部分。IPCC由世界气象组织（The World Meteorological Organization，WMO）和联合国环境规划署（United Nations Environment Programme，UNEP）于1988年成立。它成立以后发布了一系列基于科学证据基础上的报告，这些报告被誉为是对全球科学界主流观点的综合反映。

1988年，发生在美国的一场干旱使密西西比河的许多河段出现断流现象，并引发了黄石公园（Yellowstone National Park）森林大火。这再次引起公众对全球气候变化可能性的关注。同年6月，设在哥伦比亚大学的NASA哥达德太空研究所（Goddard Institute for Space Studies）的詹姆斯·汉森（James Hansen）博士向美国参议院递交了他的研究报告。他在报告中指出，根据计算机模型模拟和气温监测的结果，他有99%的把握证明他已检测到了温室效应，并且它正在改变着气候。

1989年，第二次世界气候大会在日内瓦（Geneva）举行。只有这一次，世界各国的代表及各科学团体的成员都参加了会议。这次会议呼吁创立关于气候变化的国际协定，从而为建立现行的国际气候体系奠定了基础。联合国很快成立了一个委员会就协定的文本进行磋商。它最终成为《联合国气候变化框架公约》（UNFCCC）——负责澄清、协商和解决全球气候变化的国际实体。UNFCCC不仅仅因为是最早的国际环境协议之一而著名，而且它还坚决地主张可持续发展和地球健康的共同责任。

1990年，IPCC发表了关于全球气候变化的第一份评估报告。报告预言，21世纪每10年气温会升高0.3°C（0.54°F），比一万年以来的每一次气温升高的速度都快。这份报告因将公众的视线引向了全球气候变化的严重性而意义非凡。

3.1.3 国际磋商正式开始

1992年，有“地球首脑会议”（Earth Summit）之称的联合国环境与发展大会（The United Nations Conference on Environment and Development）在巴西的里约热内卢（Rio de Janeiro）举行。172个国家的代表参加了会议。其中，150个国家同意国际社会应该为可持续发展付出努力，即制定和实施“既满足当代人的基本需求又不损害后代人满足其基本需求的能力”的可持续发展政策。我曾经于1977年在巴瑞罗切拉丁美洲世界经济模型（The Bariloche Latin American World Economic Model）中介绍了基本需求的概念[①]。

“地球首脑会议”首次将世界各国联合起来，共同努力控制全球变暖。更值得注意的是，154个国家在此次会议上签署了《联合国气候变化框架公约》（UNFCCC）。经过一系列“地球首脑会议”磋商，最终达成了1997年的《京都议定书》。

目前，《联合国气候变化框架公约》的成员几乎遍布全球。超过190个国家已经批准了《联合国气候变化框架公约》。在该《公约》的框架内，缔

① 见参考文献Chichilnisky（1977a，1977b）。

约方会议（Conference of the Parties to the Convention，COP）发挥了重要作用。缔约方会议负责组织会议和提出实现《联合国气候变化框架公约》目标的必要决策。《联合国气候变化框架公约》的目标是稳定大气中的温室气体浓度，以防止全球气候系统受到威胁，实现经济的可持续发展[①]。

《联合国气候变化框架公约》确保全球社会为了当代和子孙后代的安全而保护气候系统不受破坏，并制定成员之间开展合作的规则。它提出了阻止全球气候变化的预防性行为准则。它还主张建立一种成本节约型的长效机制，这种机制既能够使减排与可持续发展协调一致，又能够有效地避免气候风险。当然，这些目标同时也要同食品安全、社会公平和国家富强的目标相统一[②]。

更为重要的是，根据各国过去对温室气体排放所负有的责任和当前对减排的承受能力，《联合国气候变化框架公约》在第四条提出了“共同但有区别的责任”的主张。正如后面所述，就是这条以公平与合作为基础的准则引发了工业化国家和发达国家之间关于是否及如何限制发展中国家温室气体排放问题的激烈争论。也正是这一争论，构成了对《京都议定书》未来的最大威胁。

1992 年的《联合国气候变化框架公约》在第四条中规定，工业国家应该率先采取措施减少温室气体排放，发展中国家不承担强制减排义务，除非它们得到补偿。所有成员都有责任提供温室气体排放清单、国家战略、措施和报告。《联合国气候变化框架公约》鼓励工业国家减少温室气体排放，并为了实现公约的最终目标而向发展中国家提供资金援助。

但是，《联合国气候变化框架公约》生效后不久，人们就发现，大部分国家并没有遵守它们毫无约束的减排承诺。很明显，必须达成一个有约束力的新协议。

看来花点时间概述全球气候磋商过程是值得的，这样做的理由无非是想让大家了解国际谈判是如何开展的、达成一致有多难、全球合作对解决气候危机问题有多重要。通过建立一系列框架公约和协定，可以使各国行动在这一框架下逐步展开。一个框架公约就建立了一种管理体系，协定则规定了明

① 见《联合国气候变化框架公约》第二条，1992：9。
② 见《联合国气候变化框架公约》，1992。

确的责任。1992 年的“地球首脑会议”之后，《联合国气候变化框架公约》得以创立，其建立了一个处理气候相关事务的国际管理体系。为了逐步达成科学共识，《联合国气候变化框架公约》在由来自所有缔约方数千名科学家组成的科学机构——IPCC 的基础上开展工作。IPCC 在它 1995 年公布的第二份评估报告中证实了人类活动是全球气候变化的原因。在《联合国气候变化框架公约》的努力下，1997 年 12 月 11 日 160 个国家投票通过了《京都议定书》。但是，这已经是后话了。

在 1992 年的“地球首脑会议”和 1997 年的《京都议定书》之间，还发生了一些重要的事件。首先，《联合国气候变化框架公约》于 1994 年 3 月正式生效，缔约方会议成为它的最高权力机构。1995 年在柏林召开了第一次缔约方会议。《联合国气候变化框架公约》的科学顾问部门——IPCC 在 1995 年完成了针对在日内瓦召开的第二次缔约方会议的第二份评估报告。这份报告第一次正式确认了人类活动对全球气候的影响，发现了人类碳排放对地球气候的显著影响。好像是为了让人们更加了解气候变化，1995 年全世界的气温都达到了有记载以来的最高点。20 世纪 90 年代很快就取代了 80 年代而成为有记载以来最热的十年。没有理由再怀疑人类引起的气候变化是一种真正的风险。全球气候变化及其解决措施成为世界公众舆论的焦点。

3.1.4 重点从科学转向了经济学

到了 20 世纪 90 年代初期，国际社会开始认识到，解决气候变化这个自然问题主要依赖社会组织，尤其是经济学家。引起气候变化的是经济活动，特别是在世界经济中我们用于生产产品和服务的能源利用方式，而对其影响的监测与理解则离不开自然科学。当科学就全球气候变化的人为影响及其可能的后果得出一致结论的时候，重点就由气候变化科学转向了经济学。这就使问题更加复杂了，因为这是两个完全不同的学科，过去也几乎没有交叉。气候变化的结果是自然方面的问题，因此，经济学家们去监测它们会产生争议。然而，气候变化的成因是经济方面的问题，因此，自然科学家们对如何解决这个问题无能为力。IPCC 认识到，必须扩展它的工作范围，让经济学家们参与进来。也正是这个时候，我开始与 IPCC 合作。到 1997 年，我成为

IPCC中代表美国的主要撰稿人。

随着经济问题日益受到重视，人们也开始认识到了另外一个重要问题，即富裕国家与贫穷国家之间的关系问题。大气中现存的二氧化碳主要来自富裕国家，而未来发展中国家将成为世界上二氧化碳的最主要排放者。大气中二氧化碳的浓度对于所有国家都是相同的。每个国家都能通过排放二氧化碳而损害其他国家。因此，所有国家不得不同意减少二氧化碳排放。富裕国家与贫穷国家之间的合作是解决气候变化问题的核心。但是，它也是一个棘手的问题。因为发展中国家需要通过消费能源来寻求发展，而工业国家担心发展中国家能源需求的增加会进一步加剧全球变暖。没有这两类国家的合作，气候变化问题就不能得以解决。

1993年6月，经济合作与发展组织（OECD）——一个代表世界上富裕国家的国际组织，在其法国巴黎总部召开了一次国际会议。会上，这些全球气候谈判的主要代表们探讨了全球变暖和经济之间的联系（回想起来，这次会议为形成1997年《京都议定书》的基本框架奠定了基础）。这次会议包括了OECD的经济部，即经济学家彼得·斯图姆（Peter Sturm）和若阿金·奥利维拉·马丁斯（Joaquim Oliveira Martins）工作的部门。由于认识到了解决气候问题需要所有国家参与的重要性，这次会议包括了工业国和发展中国家的代表。劳尔·埃斯特拉达·奥约拉（Raul Estrada Oyuela）大使是大会的发言者之一，他后来成为《京都议定书》的首席谈判代表。另一位参加者是吉恩－查尔斯·乌尔卡德先生（Jean－Charles Hourcade），之后他成为法国驻《联合国气候变化框架公约》的代表，也是他后来邀请我撰写《京都议定书》的关键部分，即碳交易市场部分。

我在这次会议上的发言提出了建立碳交易市场的设想，它最终成为《京都议定书》的重要组成部分。我解释了市场手段的价值和给予发展中国家优惠待遇的重要性。碳交易市场可以使公平与效率之间建立联系：一方面，碳交易市场能够在经济中有效地分配资源，促进清洁技术的发展，此为效率；另一方面，碳交易市场可以减少世界各国之间收入和消费的不平等，此为公平。我在1993年OECD会议上所提出的建议，最终成为《京都议定书》中关于建立碳交易市场和清洁发展机制的基础。但是，当时大家对我的发言是有争议的，并引发了一场辩论。代表阿根廷参加全球谈判的劳尔·

埃斯特拉达·奥约拉反对在环境保护中运用市场手段，彼得·斯图姆同样持反对态度，他不同意碳交易市场能够将公平与效率有机地结合起来。当时，大多数欧洲经济学家反对市场手段，而推崇碳税。始于这次会议的关于碳交易市场的争论愈演愈烈，欧洲、美国和拉丁美洲的许多科学家与外交家都卷入了这场争论。我发表了很多文章和著作，率先阐明了全球气候变化的经济学观点，即从经济学的角度看，大气中的二氧化碳浓度实际上是一种公共物品，因此，它的特征同标准的私人产品完全不同。我特别强调，基于全球公共物品的角度，不可能将效率问题与公平问题分开考虑。

3.1.5 争论逐渐升级

当时，大多数人都认为，减少二氧化碳排放应该在发展中国家进行，因为他们认为发展中国家的减排成本较低。拉瑞·萨默斯（Larry Summers）在世界银行（World Bank）内参上指出，富裕国家应该向发展中国家输送污染，因为发展中国家在清除污染方面是成本节约型的。哥伦比亚大学的杰弗里·希尔（Geoffrey Heal）教授和我立即撰文反驳，指出减少二氧化碳应该主要在工业化国家中进行，因为如果富裕国家减少它们的二氧化碳排放，减排的效率会较高，尽管减排的成本也会较高。这篇论文 1994 年发表于《经济学通信》(Economic Letters)。这篇论文引发了进一步的争论，因为善于解释私人产品而非公共物品的传统理论界不同意我们的观点。

正当大西洋两岸的争论不断升级的时候，我的关于全球碳交易市场的研究和建议也成为了科学争论的焦点。OECD 开始意识到了碳交易市场的外交和经济意义。于是，我被聘为 OECD 的顾问，与杰弗里·希尔一起为 OECD 经济部撰写了一份关于碳交易市场的报告[①]。我同时还继续以顾问的身份为联合国的几个部门和世界银行工作，我同这些部门的合作始于 20 世纪 70 年代中期。为了完成那份报告，我和杰弗里·希尔建立了一个 OECD 绿色世界经济模型，并将其扩展，引入了碳交易市场。这个模型成为世界上第一个模拟全球碳交易市场的世界经济模型。我在由联合国赞助出版的《发展与全

---

① 见参考文献 Chichilnisky, Heal (1995) 和 Chichilnisky (1994b)。

球金融：国际银行解决环境问题的案例》（Development and Global Finance：The Case for an International Bank for Environmental Settlements）一书中公布了这一模拟结果[①]。这一结果表明，相对于富裕国家，赋予贫穷国家更多排放温室气体的权力具有效率优势。

1995 年，我和当时还在哥伦比亚大学商学院工作的杰弗里·希尔合作发表了 153 号 OECD 报告——《可交易 CO_2 排放份额的市场：理论与实践》（Markets for Tradeable CO_2 Emission Quotas：Principles and Practice）。这份报告第一次向工业国家主导的国际组织 OECD 介绍了建立全球碳交易市场的设想。我们解释了实践中全球碳交易市场将如何运行。这也是碳交易市场在欧洲公共角色的开始。我们还解释了市场比碳税在减少全球二氧化碳排放方面所具有的优势（参见第 4 章）。

我在 OECD 会议上的发言和提交 OECD 的报告引发的争论不断扩大，包括了 OECD 经济部的彼得·斯图姆和美国其他著名的经济学家，如时任斯坦福大学经济系主任的戴维·斯塔莱特（David Starrett）。我和杰弗里·希尔、戴维·斯塔莱特合作撰写了一篇论文，阐述了全球碳交易市场的基本经济结构和赋予发展中国家优惠待遇的理由。作为回应，彼得·斯图姆和若阿金·奥利维拉·马丁斯也写了一篇文章阐述他们的不同立场，他们指出，环境质量不能被作为衡量经济福利的指标。为了据实地回顾当时的这场论战，杰弗里·希尔和我于 2000 年在哥伦比亚大学出版社出版了一本书，书名是《环境市场：公平与效率》。

1994 年和 1995 年，我继续在美洲、欧洲、亚洲和澳大利亚的许多大学以及美国参议院、国会推介我对碳交易市场方案的想法。我的想法包括两部分：第一部分，赞成使用市场手段，因为这是强制所有国家共同减排的必然要求；第二部分，强调公平，因为事实上大气中的二氧化碳浓度是一种全球公共物品，这就要求必须公平地对待贫穷国家。对于工业国家的主流经济学家来说，第一部分是合适的，第二部分则对环境学家和来自发展中国家的政治家们有吸引力。人们从来不怀疑市场的效率，但是兼顾效率与公平则是争论的焦点。人们往往因为同情而同意给发展中国家以优惠待遇，但总是把这

① 见参考文献 Chichilnisky（1997）。

看成是一种施舍或善意，而不是出于保证效率的角度考虑。事实上，全球碳交易市场是交易一种非同寻常的物品——全球公共物品的场所，因此，它同至今世界上的所有其他市场都明显不同。这催生了一种新的经济学，这个问题放在后面讨论。

随着时间的流逝，我仍在包括学术的和政治的刊物甚至包括报纸、杂志和电视等各种媒介上推介市场手段。1994 年，我在《美国经济评论》(AER) 上发表了一篇题为《南北贸易和全球环境》的论文，说明是什么促使全球变暖和全球贫困成为一个相同的问题，因为两者都源于发展中国家对自然资源的过度出口。发展中国家并不是基于比较优势而出口自然资源，而是因为这些资源缺乏私人产权才被过度开采和出口。在发展中国家，自然资源通常被视为公有财产，本着先到先得的原则被开发和利用。正如我在 1994 年发表于《美国经济评论》的论文中所指出的，这直接导致了全球公地的悲剧：南方（发展中国家）过度开采，北方（发达国家）过度消费。我在文中解释了发展中国家过分重视石油等资源出口是如何破坏它们的经济发展和供养人口的能力。《京都议定书》的碳交易市场可以纠正所有这些扭曲现象：它为使用全球公共物品赋予了产权，用于解决公地的悲剧问题。在大多数经济学家都赞成“出口导向型增长”理论的时候，这些观点都被视为异端学说。现在，这些观点已被广泛接受，并经常被引证。

同时，作为美国政府和联合国各种组织的顾问及 IPCC 的主要撰稿人，我主张应该考虑全球碳交易市场的公平性特征。我和希尔教授发表于《经济学通信》上的论文、1995 年的 OECD 报告以及我后来于 1999 年在长岛 (Long Island) 布鲁克海文国家实验室（The Brookhaven National Laboratories）所做的皮格勒姆讲座（Pegram Lectures）都对公平与效率的有机结合进行了科学的论证[①]。全球碳交易市场中效率与公平的有机结合成为我的商标，同时也成为大西洋两岸和国际组织长期争论的焦点。

为了便于理解和说明碳交易市场是如何运行的，我同杰弗里·希尔、林云（Yun Lin）一起在哥伦比亚大学的“信息与资源项目”（The Program on Information and Resource，PIR/Green）中建立了一个关于世界经济的计算机

① 见 Chichilnisky Pegram 的演讲稿，“Books and Writings”，www.chichilnisky.com

化模型，其中包括了全球碳交易市场。这个新的全球模型扩展了早期的OECD绿色模型。它引入了排放权交易市场，并真实地反映了全球碳交易市场对全球环境和世界经济的积极影响。

实证模型能够帮助人们更加形象地理解全球碳交易市场这个新型市场的产生以及它是如何运行的。这是我们亲眼目睹全球经济与碳交易市场同时运行，其好处也是显而易见的。我在美国国会和几次联合国会议上发表了模型的运行结果。模型的结果表明，偏向发展中国家的政策，如按人口和GDP分配许可比只按GDP分配许可更有效率。事实上，与分配给贫穷国家更多的排放权相比，“祖父条款”（根据各国历史上的排放模式来分配排放权）的效率更低①。

全球模型验证了分配给发展中国家更多排放权的意义，解释了它在实践中是如何运作的。这预示着这种排放权的分配最终将成功地被1997年的《京都议定书》所采纳。我们的模型适用于证明市场手段的价值，并使它成为现实。

3.1.6 《京都议定书》初具雏形

20世纪90年代中期以前，公众一直都不相信存在全球气候变化风险，对全球气候变化问题一直存在怀疑和误解。然而，到了有记录以来最热的1995年，舆论开始发生变化。当年的IPCC第二份评估报告第一次明确指出：“已有证据表明，人类对全球气候产生了显著的影响。”这是第一个关于人类对气候影响的科学结论，它发出了一个明显的信号：地球气候正在发生变化，而且，这种变化总的来说是由人类活动引起的。国际社会高度重视全球气候变化问题，并积极寻找解决的办法。

1996年12月，我被邀请在华盛顿召开的世界银行年会上做主题演讲。我正式提出了建立全球碳交易市场的设想，解释了为什么这个办法要比征收碳税更具有优势和它是如何兼顾工业国家与发展中国家利益的。数百人聆听了这次演讲。我的这次演讲成为美国关于碳交易市场和CDM的第一份正式

① “总量控制与交易”体系给全球排放设置了上限，限制污染排放。以过去的排放水平为基础分配排放权通常被称为“祖父条款”。

建议。

1996年，《联合国气候变化框架公约》缔约方会议在柏林举行。会议达成了所谓的《柏林授权书》(Berlin Mandate)，也就是一份“为了达成协议的协议”(agreement to agree)。《柏林授权书》要求联合国谈判代表在下一次缔约方会议即1997年的京都会议召开之前提出解决全球气候变化问题的办法。在这次会议上，劳尔·埃斯特拉达·奥约拉大使当选为京都谈判的首席谈判代表。他继承了一个同样的“授权”——在下一次缔约方会议上达成一个协议。作为一名职业外交家，劳尔非常重视这个“授权”。他决心在京都会议上一定要达成一个协议。任务非常艰巨，因为目前工业国家和发展中国家在全球气候变化问题上的分歧比以往任何时候都严重。

我认为，达成协议的唯一途径就是找到对工业国家和发展中国家都有利的解决办法。为此，我继续在全世界的演讲和所发表的论著中推介碳交易市场。我所倡议的全球碳交易市场，既能保护发展中国家的利益，又能得到推崇市场手段的美国的积极响应。只要这个建议能够同时得到工业国家和发展中国家批准，那就是一个良好的开端。因为全球气候谈判中最棘手的问题莫过于富裕国家与贫穷国家之间的“拉锯战”了。

我标榜我的关于全球碳交易市场的倡议是一个“双面硬币”，因为它提供了一种市场手段，这对关注效率和灵活性的工业国家有吸引力，它同时又通过排放权的分配而为发展中国家提供了公平，因此，满足了发展中国家减少贫困及强调历史公平的要求。在与美国及发展中国家的代表进行讨论时，我个人的观点是，由于南北方国家严重背道而驰，因而只有双方都反对的方法才是最可行的。我所提出的建立全球碳交易市场的设想正是南北双方都反对的。

然而，坦白地讲，我的碳交易市场手段在当时还不受欢迎。事实上，很多年来，它一直受到各个方面的反对。无论是发展中国家、环境学家，还是工业国家，都不喜欢它。学术界听到了我关于全球碳交易市场能够将效率与公平有机结合起来的观点，要么很吃惊，要么持反对态度。他们甚至怀疑市场还具有这样的性质。当时，我是美国自然资源保护委员会(The Natural Resources Defense Council)的理事，肯尼迪总统的侄子小罗伯特·肯尼迪(Robert Kennedy Jr)是那里环境方面的律师。两次偶然的机会，我同小罗伯特·肯尼迪就碳交易市场问题在电视上的路透社论坛（Reuters Forum）展开了辩论。他特别上镜的反市场环境主义总是使他占上风，而我作为合理的碳交易市场的倡导者却总是处于不利地位，至少从观众的情绪上看是这样。他的观点很简单：市场是环境的敌人，所以我们怎么能用市场来解决当代最大的环境问题呢？

当时，小罗伯特·肯尼迪并不是唯一反对我的人。劳尔·埃斯特拉达·奥约拉，一位伟大的环境学家，自1993年OECD会议以后在会议上和写作上多次与我合作的人，也一直反对碳交易市场。形势很严峻。实际上，当时我所认识的环境学家中没有一位看好碳交易市场。对他们来说，我的想法就好像是要买卖自己的亲祖母，操作上可行，但情感上无法接受。

我将以我20年作为发展中国家的代言人和基本需求概念的提出者的所有公信力去赢得发展中国家的支持。我一再强调，碳交易市场与其他所有市场都不同，因为大气中的二氧化碳是一种公共物品，通过排放权的分配，碳交易市场引入了公平原则。这些解释似乎有点帮助，但还是很难让人接受，它毕竟是一个难以理解的概念。事实上，由于碳交易市场是对全球公共物品进行交易，因此，同我们所知道的其他所有市场都明显不同。它是有史以来最独特的市场。

1997年，OECD中的欧洲国家也极力反对碳交易市场。它们主张运用征收碳税的手段。美国著名经济学家、诺贝尔奖获得者、已故的耶鲁大学教授詹姆斯·托宾（James Tobin）倡议全球化的一般方法，即全球合作征收碳税以减少二氧化碳排放。他的整体设想也称“托宾税”（The Tobin Tax）。无论是北方，还是南方，甚至我自己的大部分学术界同行，都不站在我这边。就如同当年定义基本需要，我发现自己孤立地与整个主流论争。而这一次，我又不得不同主流环境学家们论争。

3.1.7　阐明我的观点

此外，很多人都卷入了这场争论。整个事情看起来有点反常。我提倡市场手段，即碳交易市场，这与征收碳税手段相对立，而征收碳税却在以美国和OECD为主体的工业国家比较盛行。我这样做，是在反对著名的和备受尊重的詹姆斯·托宾，他提倡全球合作征收碳税。而主张公平对待发展中国家的我，则提倡自由市场手段。这个悖论看起来有些异想天开。碳交易市场从给二氧化碳排放设定上限入手，因此，它比对二氧化碳排放没有数量限制的碳税更接近环境学家们的想法。它允许各国选择各自独立的减排手段，如限制、市场和税收手段。最后，尽管大家都认为市场有利于工业国家而威胁环境安全，不知何故，我还是能够扭转乾坤，证明碳交易市场会比碳税使环境和发展中国家受益更多（详细的说明和原因参见本书 73 ~ 76 页）。

1997 年，除了同学术界和联合国争论不休外，我还通过美国副国务卿蒂莫西·沃思（Timothy Wirth）向美国国务院的专家们、通过美国财政部副部长拉瑞·萨默斯（Larry Summers）向美国财政部的专家们转交我的建议。无论是沃思还是萨默斯对我的建议都很感兴趣，也很支持。可以说，他们是我的铁杆支持者，或许是当时仅有的铁杆支持者和同盟。然而，我怀疑，他们对我的支持可能是盲目的。他们似乎并不理解或者也不太关心碳交易市场的公平性，殊不知它对我，当然还有对发展中国家，是多么重要。事实上，关于碳交易市场中南、北方公平性问题的争论今天仍在继续。

最终，“双面硬币”占了上风。市场手段的魅力使它在美国获得了成功。我利用各种可能的途径推介我的市场手段，包括我得到肯定和重视的美国国会及参议院。在这个过程中，我还拜见了美国副总统阿尔·戈尔（Al Gore），他是非常智慧和有规划的人，但也是天生不喜欢市场手段的人。

我在哥伦比亚大学组织召开了一次由《京都议定书》的谈判代表参加的特别会议。会上，我向谈判代表们解释了有些违背常理的事实，即市场手段能够使世界上的发展中国家受益。1996 年秋，按照 1994 年由我创立和一直主持的“信息与资源项目”（PIR）的研究计划，彼得·爱森博格成立了哥伦比亚大学地球研究所。爱森博格认为我的努力是哥伦比亚大学全球化研究的基础，当然，它们也名副其实。PIR 开始同地球研究所紧密合作，双方联合推介我的全球碳交易市场构想。地球研究所与 PIR 之间的战略联盟是非常高效的，也是通向《京都议定书》之路的重要步骤。

1997 年 4 月，在联合国的资助下，我出版了《发展与全球金融》（Development and Global Finance）一书。在该书中，我探讨了碳交易市场是如何运作的，为什么同样的市场手段可以解决其他环境问题，如生物多样性的破坏。该书还公布了PIR绿色模型（改进的OECD模型）的结果。结果显示了碳交易市场是如何使公平有利于效率的。1997年1月，我在《金融时报》（Financial Times）上发表了《布雷顿森林的绿化》（The Greening of the Bretton Woods'）一文。在该文中分析了随着布雷顿森林体系的建立，全球资源贸易是如何导致全球变暖问题的。同时，我再一次倡议建立全球碳交易市场。

《金融时报》上的文章产生了出乎意料的巨大影响。它得到了时任世界银行全球环境基金（Global Environmental Facility）首席执行官穆罕默德·埃尔·阿什里（Mohamed El Ashry）的关注和支持。这篇论文的反响促使我与哥伦比亚大学地球研究所合作在洛克菲勒基金会（Rockefeller Foundation）设在意大利的一个美丽湖畔的贝拉吉奥（Bellagio）会议中心组织召开了一次小型但却十分有意义的会议。参加会议的代表都是当时举足轻重的人物，如目前亨氏基金会（Heinz foundation）和亨氏－亨德森公司（Heinz Henderson）的领导者、才华横溢的经济学家、未来学家及"伦理市场传媒"（Ethical Markets Media）系列电视节目的创始人汤姆·罗夫乔伊（Tom Lovejoy）。召开这次会议的目的是完成我在论文中提到的建立碳交易市场和国际环境清算银行（International Bank of Environmental Settlements）的计划。其中，建立国际环境清算银行是为了给碳交易市场提供银行方面的支持，如碳排放权的借与贷。1997年年中，我成为IPCC的主要撰稿人，并出席了几次为下一次评估报告做准备的会议。

1997年，我还和埃克森石油公司（Exxon）的代表们一起工作，并试图改变他们对全球是否变暖问题的看法。同年，地球研究所聘任了一位政治评论家——戴维·芬顿（David Fenton），他后来转向创建著名的政治网站——moveon. org。当年年底，地球研究所派代表团赴京都参加1997年12月召开的缔约方会议。

京都的天空灰蒙蒙的，天气有点闷热。附近的街道上和整座美丽的城市，到处都是参加缔约方会议的热心的非政府组织（NGO）成员。我和彼得·爱森博格、瑞克·费尔班克斯（Rick Fairbanks）都是地球研究所代表团的成员，他们两人都是著名的物理学家。爱森博格当时是哥伦比亚大学的副教务长、地球研究所的奠基人和莱蒙特·多尔蒂地球观测所（Lamont Doherty Earth Observatory）的所长。

在京都，我仍然为了推介碳交易市场概念而马不停蹄地演讲、参加记者招待会和同全球的新闻出版界会晤，并受到了广泛关注。这些会晤被刊登在世界各大报纸上，出现在一些广播和电视节目中。我在缔约方会议的一个分会场做了一场演讲，当时出席的人很多。这个分会场设在一座类似马戏场的巨型白色帐篷里，它的地板上铺满了木屑。到处都是新闻记者，来自世界各地的人们传递了一种信号——人们非常关注即将来临的环境灾难。

客观地说，人们并不完全理解我的观点，尽管他们乐于听从安排来做我的听众。为了建立《京都议定书》中的碳交易市场，我基本上是在孤军奋战。除了和我一起参加京都会议的地球研究所的同事以及《联合国气候变化框架公约》的几位同行，如自 1993 年 OECD 会议后一直与我一起工作、现在分别担任首席谈判代表及法国代表的劳尔·埃斯特拉达·奥约拉和吉恩-查尔斯·乌尔卡德，其他人我认识的不多，但是，我对许多发展中国家的官方谈判代表也能熟悉到直呼其名的程度。我利用各种机会与联合国的代表交谈，尤其是劳尔·埃斯特拉达·奥约拉，他越来越担心谈判是否能达成一个协议，不过，他还是坚决反对碳交易市场手段；还有吉恩-查尔斯·乌尔卡德，他很年轻，很显然他是钦佩我在国际贸易和社会选择领域的威望而愿意听我狂热地讲解碳交易市场的，他也确实明确地表达了对我的钦佩之情。我还同艾默里·罗文斯（Amory Lovins）以及能源产业的其他几位重量级人物共进午餐。我的同行、耶鲁大学的威廉·诺德蒙斯（William Nordhaus）也在那里，还有代表岛屿国家出席《联合国气候变化框架公约》京都谈判的英国律师詹姆斯·卡梅隆（James Cameron）。出席午餐会的还有代表印度参加谈判的达斯古普塔（Dasgupta）大使、后来成为世界银行环境部高级科学顾问的 IPCC 主席罗伯特·瓦特森（Robert Watson）、来自日内瓦（Geneva）的著名政治学家乌尔斯·路特巴赫（Urs Luterbacher）、法国的优秀经济学家雅各布·韦伯（Jacques Weber）以及为劳尔·埃斯特拉达·奥约拉出谋划策后来成为 UNEP 驻内罗毕的环境法和公约部高级顾问的奇拉帕提·瑞马克利希那（Kilaparti Ramakrishna）。

最后，危机——工业国和发展中国家之间、南方与北方之间可怕的僵局出现了。这个问题今天仍然存在，也是美中两国僵局的形成原因。在京都，我是以《联合国气候变化框架公约》缔约方会议非官方顾问的身份出现的，另外，我还以IPCC主要撰稿人的身份被大家所熟知。以这样的身份，我信心十足，直接与劳尔·埃斯特拉达·奥约拉交谈。他很友好，也很愿意听我讲。我告诉他为什么碳交易市场是一枚“双面硬币”，也是能为他打破僵局的唯一办法，因为它会得到工业国家和发展中国家的共同支持。他饶有兴趣和耐心地听着，但情绪上还是反对市场手段。我坚持说，这是唯一的解决办法。我还向他解释，我已经说服了发展中国家（77国集团或G77）的谈判代表支持建立碳交易市场，我还同美国参议院、国会、财政部和国务院讨论过了，美国也会同意建立碳交易市场。劳尔听着，我说，唯一棘手的是欧洲。欧洲是我做工作比较少的地方。欧洲人也比较反感市场手段，他们认为建立碳交易市场是美国为了逃避二氧化碳排放限制而找到的新借口或手段。他的回答是：“我们会考虑的。”以劳尔的地位，他必须综合考虑各方的立场，并公平地对待它们。

随着会议的进行，谈判开始陷入僵局。工业国家不愿意减排，因为它们所消费的能源大部分都是化石燃料，它们不愿意牺牲自己的经济增长。甚至发展中国家也坚决反对接受减排限制，它们认为这不符合历史公平原则，而且减排会使它们的人民陷入贫困和低发展陷阱。

3.1.8　结局

12月10日，是会议的最后一天，整个气氛十分沉闷。大家都知道事情的严重性，我在谈判的大房间外面站到深夜，希望听到根本不可能发生的突破性进展。不过，它确实使人清醒。大约晚上10点钟，吉恩－查尔斯·乌尔卡德走出了像剧院一样有着阶梯座位的谈判室，并邀请我进去。

吉恩－查尔斯·乌尔卡德教授是一位非常著名和备受尊敬的经济学家及法国的政府官员。他还是一位充满智慧和富有创新精神的思想家。1993年OECD会议以后，吉恩－查尔斯一直都了解我的碳交易市场的构想及其创新性，即它是交易全球公共物品——大气中二氧化碳浓度的市场。他了解随之而来的工业国家和发展中国家之间的效率与公平问题，他同意这个问题与1992年《联合国气候变化框架公约》第四条关于发展中国家优惠待遇问题的一致性。

吉恩－查尔斯请我执笔描述碳交易市场，使其成为《京都议定书》草稿中的一部分。他是欧盟和美国联络组的三名成员之一。他要我准备文本，这份文本应该有助于欧洲人同意市场手段，还能为美国人提供在他们接受减排限制之前所需要的灵活性。这时已经是京都谈判的第 11 个小时了，会议在第二天就要结束。协议很难达成，尤其是同美国，因此，引入碳交易市场至关重要。这也是我这几年一直向联合国和 OECD 倡导碳交易市场、向美国国会与参议院演讲、向美国财政部及国务院推介碳交易市场结构的意义所在，事实上这得到了回报。

我在谈判室的台阶上坐了下来，然后开始写。我的文字成为《京都议定书》第十七条的基础，它描述了碳排放权的交易和缔约方会议将如何建立碳交易市场机制。碳交易市场的引入挽救了那一天。它创立了一种灵活手段，使美国签署了《京都议定书》。美国可以通过碳排放权的交易解决它的减排问题：它如果达不到减排限制，可以从其他国家购买排放权。而发展中国家受到优惠待遇，没有减排限制，因此，它们也会签字。根据乌尔卡德的说法，我的作用十分关键，是我说服了美国和欧洲的代表在《京都议定书》上签字。CDM 的引入增加了碳交易市场的灵活性，它把发展中国家也纳入了碳交易市场的体系之中，所以发展中国家可以从工业国家的技术转移中获益，而又不会受到减排的限制①。

1997 年 12 月 11 日，经过 160 个国家投票表决，《京都议定书》诞生了。工业化国家同意其 6 种主要温室气体的排放量平均减少 5.2%。根据协议，各国（发展中国家除外）承诺，2008～2012 年间其温室气体排放量在 1990 年的基础上减少若干个百分点。值得注意的是，当时美国国会以 95∶0 的票数否决了任何承诺发展中国家不进行“实质性”减排的协议。

① 见参考文献 Hourcade，2002。CDM 允许工业国家在发展中国家的国土上实施减排计划而获得碳信用，并核算为其减排额度。这些碳信用可以在碳交易市场上出售。这就是我所推崇的既能将发展中国家纳入《京都议定书》的碳交易市场同时又能遵守《联合国气候变化框架公约》第四条的规定——不允许在不给予发展中国家补偿的情况下限制它们的排放。关于这个议题，我曾在哥伦比亚大学与 1997～1998 年的《京都议定书》谈判代表召开了一次会议，会议的名称是“从京都到布宜诺斯艾利斯：技术转移与碳交易”。奇拉帕提·瑞马克利希那（Kilaparti Ramakrishna）和劳尔·埃斯特拉达·奥约拉（Raul Estrada Oyuela）两位大使作为主讲嘉宾参加了此次会议。

考虑到欧盟和美国的地位，《京都议定书》采用了欧盟提出的目标，但整个框架是来自美国的。实际上，整个框架都遵循了我的市场战略，从这个角度来说，它是遵循了美国的市场地位，但是又做了一点修改，也就是根据CDM的不受减排限制条款和附加条款赋予发展中国家更多的优惠待遇。CDM允许工业化国家在发展中国家实施减排项目，经核证后即可获得信用额度。这些信用额度可以在碳交易市场上交易，所以它们在发展中国家没有减排限制的贸易体系中占据所有优势。

《京都议定书》是具有灵活的市场导向型的体系结构。《京都议定书》的结构是逐个国家签署减排协议，这是首席谈判代表劳尔·埃斯特拉达·奥约拉的伟大成就。《京都议定书》建立了三个灵活的机制，它们允许各国在某一年突破其减排限制，而某一年又超额完成减排任务。这三个机制是：（1）联合履约机制；（2）碳交易市场机制；（3）CDM。其中，更为重要的和更具创新性的是碳交易市场机制，它和CDM一起，在利用地球大气的过程中，既实现了各国之间的公平，也保证了市场效率。

发展中国家不直接参与碳交易市场的交易，因为它们的二氧化碳排放不受限制。只有OECD国家参与碳交易市场的交易。但是，发展中国家可以通过CDM参与碳交易市场的交易。CDM允许富裕国家的企业通过在发展中国家建立清洁能源项目而抵销它们的排放量。在《京都议定书》中，CDM是唯一一个联系工业国家和发展中国家的机制。它是未来最美好的希望。它为发展中国家创造了采用清洁技术的动力，从而实现了清洁发展，不再重复工业国家所走过的道路。

劳尔·埃斯特拉达·奥约拉大使完成了在京都达成一个协议的历史使命，但却违背了他不主张市场机制的理念。他是一名真正的职业外交官，他摒弃个人反对碳交易市场的观点，运用碳交易市场机制的“双面硬币”来解决南北之间的冲突。碳交易市场帮助他达成了这一协议，从而诞生了《京都议定书》。

3.2　后京都时代

2001年，新当选的美国总统乔治·W. 布什以《京都议定书》会损害本国经济为借口断绝了同它的关系。迄今为止，美国仍未批准《京都议定书》。同年，IPCC 的第三次评估报告明确了一个事实，即过去 50 多年人类活动对全球气候变暖的影响是空前的。

2001 年在摩洛哥马拉喀什（Marrakech）召开的第七次缔约方会议通过了《京都议定书》的执行章程，并在此基础上形成了《马拉喀什协定》(The Marrakech Accords)。《马拉喀什协定》对排放权交易没有数量限制，给予植树造林和农田管理更多的碳信用额度或移除单位，对 CDM 或碳汇活动的信用额度设置上限，对避免毁林的活动不发放信用额度。现实的状况是来自科学方面的担忧日益增加，越来越多的科学证据表明全球变暖威胁的真实性，只有少数外行人对此还持怀疑态度。尽管《京都议定书》已经生效，但没有美国的参与，没有对发展中国家排放的限制，《京都议定书》是不足以阻止全球气候变化的。

2003 年，欧洲经历了有记录以来最热的夏天，炎热引发了大面积的干旱和热浪。直接后果是导致 3 万人死亡。

2005 年，随着 2004 年 11 月俄罗斯在《京都议定书》上签字，《京都议定书》成为一份合法的有约束力的协定。美国和澳大利亚仍然拒绝批准《京都议定书》，宣称减排会破坏它们的经济。

到 2007 年，175 个国家批准了《京都议定书》。随着陆克文（Kevin Rudd）成功当选澳大利亚总理，澳大利亚也批准了《京都议定书》。陆克文在参加竞选时就表示，如果他当选，他将改变澳大利亚针对《京都议定书》的政策。同年，IPCC 的报告第四次强调，“气候变暖已是不争的事实”，21 世纪气温升高和海平面上升的幅度将取决于未来几年的碳排放或其限制程度。这一年，美国前副总统阿尔·戈尔和 IPCC 都因在改善全球环境方面做出的突出贡献而获得了诺贝尔和平奖。

在布宜诺斯艾利斯召开的较早的缔约方会议上，美国完全不希望讨论 2012 年以后的减排问题。一些重要的发展中国家，如印度，也不愿意讨论这一问题。然而，2007 年 12 月在印度尼西亚巴厘岛（Bali）举行的缔约方会议做出了决定，到 2009 年年底就 2012 年以后的减排问题达成协议，即所谓的“巴厘路线图”（Bali roadmap）。除此之外的另一大进步是世界上最大的排放国美国同意为实现 2009 年的目标而付出努力。这是美国自 1997 年 12 月

11日在日本京都签署《京都议定书》以后重返京都进程（Kyoto Process）的第一个信号。当时，巴厘岛会议还提出了40多项解决气候变化问题的建议。

2008年，澳大利亚率先建立了内部碳交易市场，并决定于2010年启动碳交易。同年，面积达414平方公里（160平方英里）的威尔金斯冰架（Wilkins Shelf）离开了南极洲海岸。科学家们担心气候变化比预想的要快。

2008年4月，按照“巴厘路线图”，来自180个国家的谈判代表为了达成减轻气候变化的新协议而开始了“曼谷气候谈判”（Bangkok Climate Change Talks）。在这次曼谷会议上，欧盟要求对发展中国家的排放施加限制，否则它将削减向发展中国家转移CDM项目的数量（2007年以前CDM项目累计投资额为90亿美元，而2007年当年的CDM投资额即达180亿美元），其理由是欧洲需要刺激技术创新，为了抵销减排额度而简单地在其他国家投资不能解决问题。然而，当欧盟的建议递交给欧盟委员会（European Parliament）的时候，欧盟企业则积极保护和扩大CDM项目。在本书写作之时，劳尔·埃斯特拉达·奥约拉大使仍然反对将碳交易市场概念作为全球气候谈判的一部分。

3.3　国际气候谈判的重要里程碑

1988年：政府间气候变化专门委员会（IPCC）建立了气候谈判的科学基础。

1992年：《联合国气候变化框架公约》（UNFCCC）正式成立。

1995年：《联合国气候变化框架公约》在柏林召开第一次缔约方会议（COP1），提出了到1997年达成一个气候谈判协议的目标。

1995年：第一次明确地指出，是人类的行为导致了全球气候的变化。

1997年：COP3在日本京都举行，《京都议定书》诞生了。

2001年：马拉喀什会议通过了《京都议定书》的执行章程。

2005年：《京都议定书》成为国际法律。

2007年：提出了“巴厘路线图”，确定到2009年达成一个后《京都议定书》协议。

2012 年：《京都议定书》的规则（Kyoto Protocol Provisions）结束——就未来达成新的协议。

在体系之外，气候谈判各方基本遵循了可预见的行为模式。迄今为止，他们仍然遵循这些行为模式。理解这些行为模式非常重要，因为它们告诉我们：我们已经到了哪里、我们怎么到的、为了将来的气候谈判我们还能和必须做什么。如上所述，未来气候谈判的走向和气候变化一样变幻莫测。目前，也许更为紧迫的是《京都议定书》的规则在 2012 年过期的问题，将来可能还有更大的问题需要我们面对。

我们能够也必须延长《京都议定书》最初的规则。但是，为了促进全球协议的达成，我们必须明确如何同时满足发达国家和发展中国家的需要。《京都议定书》的创举——碳交易市场，虽然备受争议和引起公众哗然，但它也是成功的重要标志，它为同时满足发达国家和发展中国家的需要提供了一种机制。碳交易市场是一条光明之路。

以下各章将解释碳交易市场引发的经济变化和当前《京都议定书》所面临的威胁。

第4章

《京都议定书》及其碳交易市场

《京都议定书》能够改变我们利用能源的方式和解决全球变暖问题。它开辟了一片新天地。它是第一份关于创立交易大气使用权的新型全球市场的国际协议。

2005年，碳交易市场成为国际法律，并有望成为世界上最大的商品交易市场。美国商品期货交易委员会（The US Commodities Futures Trading Commission）委员巴特·奇尔顿（Bart Chilton）指出："即使保守估计，在不远的将来这个市场的交易额也将达2万亿美元。"[①]

碳交易市场是一个交易全球公共物品——降低全球二氧化碳浓度的市场。它具有一些独特的特征，这些使全球公共物品同其他通过一般交易完成的如粮食、住房、机器和股票等私人产品明显不同的特征，对于市场行为具有重要的含义。在交易全球公共物品的市场上，公平与效率密不可分，它把富裕国家与贫穷国家的利益以及企业与环境学家的利益都统一起来[②]。

碳交易市场饱受争议。许多企业害怕它，但实际上它非常简单。每位交易者都有排放限制；那些超额排放的企业不得不向那些低于排放限制的企业购买排放权限。这就惩罚了恶人，补偿了好人，而只需要最小限度的政府干预。道理很简单，这个想法就是借助了亚当·斯密（Adam Smith）著名的

① Bart Chilton，引自Reuters News，2008-06-25。

② 见参考文献Chichilnisky（2009b）；Sheeran（2006a）；Chichilnisky，Heal（1994，2000）。

“看不见的手”——市场之手[①]。这只“看不见的手”将商业部门的利益同至今还毫无作为的环境学家的社会利益有机地结合起来。1993年，一个类似但又有些不同的市场体系在芝加哥交易所（The Chicago Board of Trade）成功启动。这就是二氧化硫（sulphur dioxide）交易市场，它采用了一种简单的“总量控制与交易”系统，以成本节约型的方式减少了美国的酸雨。这个市场与碳交易市场明显不同，对于此，我将在下面做出解释。

是的，没错。碳交易市场就是亚当·斯密的“绿色之手”。只是这只“绿色之手”在施魔法的时候需要一点帮助。如果对交易者没有强制的排放限制，这个市场就不能发挥作用。

限制工业国家排放总量的目的就是保证全球的排放量不至于超过引发气候灾难的临界水平。由于工业国家的二氧化碳排放量占当今世界排放总量的绝大多数，因此，《京都议定书》给所有工业国家提出了总量限制。这就是环境学家青睐的碳交易市场的特征。当然，这种总量限制只适用于包括美国在内的1997年在《京都议定书》上签字并进一步批准《京都议定书》、服从相应的排放限制的国家。几乎所有的工业国都批准了《京都议定书》，包括澳大利亚，虽然它到2007年才批准。唯一的例外是美国，它到现在还没有批准《京都议定书》，不过，它在2007年的巴厘会议上重返《京都议定书》谈判，并同意在2009年年底达成一个解决办法。巴拉克·奥巴马（Barack Obama）的新政府已经宣布，将优先考虑批准《京都议定书》的问题，并采用“总量控制与交易”系统。美国是世界上最大的排放国，因此，它对《京都议定书》的批准将对全球减排具有不可估量的作用。

但是，对于许多企业的领导人来说，碳交易市场是令人担心和讨厌的。他们担心这会大幅度提高商业运营成本，尤其是电力和商品生产企业，这些是经济的核心，同时也是二氧化碳排放的主要来源。他们不得不为他们的排放支付成本。他们还担心，当碳交易市场在他们本国开始交易时，碳的价格会反复无常。碳的价格会提高商品的价格与商业运营成本。私人企业的担心是现实的，也应该得到解决。

同时，气候变化和持续地从世界脆弱的生态系统攫取资源也是需要重视

---

① 亚当·斯密描述了市场力量——“看不见的手”如何利用个人的利己而实现更大的利他。见Smith（1776）。

的问题。一些企业家已经觉察到了技术创新的潜在利益和碳交易市场的利好机会。他们是对的。世界上最大的投资者们正将他们巨额的风险资本投向可再生能源部门。仅仅 4 年，可再生能源部门的投资占硅谷总投资的比重就由 4% 上升为 18%。清洁能源无可争议地成为当今世界上增长最快的领域。根据 UNEP 的预测，为了更换现有价值为 43 万亿美元的能源基础设施，2012 年以前每年的实际投资额高达 4 500 亿美元，2020 年以前每年的实际投资额更是高达 6 000 亿美元①。

为什么商业界的态度会如此明显不同？碳交易市场是一个恶人，还是一个英雄？两种态度都是正常的。每个人都从不同的角度去看待碳交易市场："之前的"角度和"之后的"角度。在碳交易市场产生之前，不确定性会损害商业利益，只有风险和感觉到的成本，而没有收益。然而，当碳交易市场开始运营时，它产生了一个价格信号。价格信号意味着，一个市场价格通过它的水平（或高，或低）传递了关于商品或所交易东西的实际成本、实际的稀缺性或实际价值等信息。例如，在碳交易市场产生之前，没有市场价格信号来反映二氧化碳排放的真实成本。没有反映这种成本的信号，是因为没有碳的市场交易价格。碳交易市场一被引入，碳排放权就开始在欧盟排放交易计划（European Union Emissions Trading Scheme，EU ETS）交易，一个市场价格就出现了（每吨二氧化碳约合 30 美元），排放二氧化碳的成本通过二氧化碳的价格传递给了整个经济体系。二氧化碳的价格（30 美元）告诉人们，对于经济来说，排放二氧化碳是多么昂贵，二氧化碳一旦被排入大气，清除它是多么昂贵。这个价格信号使清洁技术比其他技术更有利可图。使用清洁技术者不用支付排放成本。而排放者则需要支付排放成本。因此，当碳交易市场运行时，亚当·斯密的"绿色之手"奖励了少排放者，而惩罚了超额排放者，从而平衡了商业利益与环境效益。这是一个不小的成就。

机会面前人人平等，一旦完成了从"之前的"角度向"之后的"角度的转变，回报就是实实在在的。国际能源署（International Energy Agency，IEA）预计，重构世界电力部门的能源革命将耗资 43 万亿美元，这将成为一个巨大的商机。如果充分利用碳交易市场对经济所产生的推动力，会极大

① 见参考文献 UNEP（2008）。

地促进商业的发展。商业界会对这个以市场为基础的方案做出积极响应。

但是，要做到这一点，我们必须延长《京都议定书》的有效期，使它超越2012年，因为没有《京都议定书》的全球碳交易市场，所有区域性碳交易市场，如欧盟碳交易市场和澳大利亚国家碳交易市场，都走不了多远。为什么？因为除非有一个关于排放限制的全球协议，否则单独一个国家没有理由限制排放。因为没有一个国家能独自解决全球变暖问题。因此，没有一个国家有理由独自建立国内的碳交易市场。此外，国内碳交易价格总是与全球碳交易价格相一致，因此，没有一个国家的市场可以独自定价。所有的碳交易市场都是因《京都议定书》的全球碳交易市场而产生的，没有它，任何市场都不能有效地运行。事情就是这么简单。

全球碳交易市场是随着2005年《京都议定书》的正式生效而开始出现的。迄今为止，EU ETS的交易额已经超过了800亿美元。全球碳交易市场是《京都议定书》的重要组成部分。正是它，使《京都议定书》同其他国际协议相区别。也正是它，推动了澳大利亚和英国，也许不久还有美国，建立自己的碳交易市场。

4.1 《京都议定书》的碳交易市场如何运作

由于其重要的历史意义，《京都议定书》的谈判自然充满了戏剧性、悬念和阴谋。然而，就像劳尔·埃斯特拉达·奥约拉提醒我们的那样，《京都议定书》是30个月的艰难谈判的产物，而且是在关键的最后一分钟才获得通过[①]。因此，它的章节需要认真解释和进一步细化。

4.1.1 步骤一：逐个国家规定排放限制

《京都议定书》以需要国际合作解决全球气候变化问题为原则。这个原则是在1992年的《联合国气候变化框架公约》中提出的。《联合国气候变

① 见参考文献Estrada Oyuela（2000）。最后一分钟获得通过的是碳交易市场及其伴随物——CDM。

化框架公约》为《京都议定书》规定了如下目标：

“本公约以及缔约方会议可能通过的任何相关法律文书的最终目标是……将大气中温室气体的浓度稳定在防止气候系统受到威胁的人为干扰的水平上。这一水平应当在足以使生态系统能够自然地适应气候变化、确保粮食生产免受威胁并使经济发展能够以可持续的方式进行的时间范围内实现。”[①]

因此，《京都议定书》谈判的第一步就是每个参加国提出减排数量的承诺。总的数量应该达到足以减少灾难性气候变化威胁的水平。各国同意自愿将排放量减少到1992年“地球首脑会议”召开时的水平。但是，大部分国家都没有达到它们的自愿减排目标，而且大部分国家的排放量实际上在增加[②]。

到1997年《京都议定书》谈判时就已经很清楚了，自愿减排目标远远不够，有约束力的限制是必需的。

全球没有一个排放总量控制，就不会有碳交易市场。碳交易市场交易向大气中排放二氧化碳的权利。这些权利规定，谁有权排放什么。如果不就每个国家有权排放多少吨二氧化碳达成协议，二氧化碳交易就不会发生。每位销售者必须说明它对所出售的碳拥有“所有权”。这意味着每个国家必须有一个明确的排放限制，如果每个国家的销售量都是无限的话，市场就不会存在了。

《京都议定书》第三条详细列出了每个国家可以排放的数量。所列的是附件一国家需要在1990年排放水平的基础上减少的百分比（见表4－1）。其中大多数是工业国家和经济转型国家。2008～2012年间，它们的排放量必须在1990年水平的基础上平均减少5.2%。有些国家，如澳大利亚，可以在1990年水平的基础上增加排放数量。

减排5.2%乍看起来像是一个很适度的目标。但是，同整个时期全球正常的排放量增加24%相比，《京都议定书》所要求的实际减排量接近30%[③]。

---

① 见《联合国气候变化框架公约》第二条，1992。

② 到2000年，这些国家应该将排放降低到1990年的水平。1990年以来，美国的排放实际上已经增加了15%。

③ 见参考文献Estrada Oyuela（2000）。

表 4-1　　　　附件一国家排放目标*

国家	目标（%）
欧盟 15 国**、保加利亚、捷克共和国、爱沙尼亚、拉脱维亚、列支敦士登、立陶宛、摩纳哥、罗马尼亚、斯洛伐克、斯洛文尼亚和瑞士	-8
美国***	-7
加拿大、匈牙利、日本和波兰	-6
克罗地亚	-5
新西兰、俄罗斯联邦、乌克兰	0
挪威	+1
澳大利亚	+8
冰岛	+10

注：* 目标是指 2008 ~2012 年承诺期在 1990 年水平的基础上变化的百分比。
** 欧盟 15 个成员国之间已经形成就 8% 的减排目标如何分配的独立协议。
*** 美国宣布了它不想批准《京都议定书》的意图。

《京都议定书》计算的是净排放量。每个国家都会因自然碳汇（“汇”是指降低大气中二氧化碳浓度的碳储存库，如海洋和森林）而获得减排额度，包括土地利用和植树造林。它阐述如下：

“自 1990 年以来直接由人引起的土地利用变化和林业活动——限于造林、重新造林和砍伐森林产生的温室气体排放的净变化……应用以实现附件一所列每一缔约方依本条规定的承诺。”①

这在减排方面提供了一种灵活性，也为在实践中施行可持续的土地利用和森林保护提供了必要的动力。附件一所列国家如果砍伐森林，就会受到严厉的惩罚，因为砍伐森林产生的温室气体排放将被视为违反它们在《京都议定书》中所承诺的排放目标②。

谈判代表们很快就意识到，给全球排放设定一个既公平又能阻止全球气候变化的控制总量很难。全球排放控制总量很难确定，它必须同时满足科学目标及保护贫穷国家的双重需要。《京都议定书》必须提出适当的政策措

① 见 UNFCCC《京都议定书》第三条，1997。
② 《京都议定书》的 CDM 在某种条件下为限制发展中国家砍伐森林提供了激励。

施，使对全球气候变化和贸易的负面影响以及对其他缔约方尤其是发展中国家的社会、环境及经济影响最小化[①]。

地球大气中的二氧化碳浓度具有一个明显的、非同寻常的特征：全世界各个地方的浓度都是一样的。换句话说，一个国家选择一种二氧化碳浓度而另外一个国家选择另一种不同的浓度是不可能的。不管它们是否喜欢，所有国家只能接受同一种二氧化碳浓度。这与一个国家排放多少或它们能负担得起多少无关。大气不会区分二氧化碳是由谁排放的，或由谁减排的，是美国或中国，还是玻利维亚或澳大利亚。每个国家都排放了不同的数量，这是事实，但是，最终地球上的每个人所面对的二氧化碳浓度是相同的。物理学的规律——自然法则是至高无上的，高于能源利用的地缘政治和经济现实。

这个非同寻常的特征使碳交易市场是独一无二的，也使它成为交易全球公共物品的市场。大气的质量最终是均匀的和统一的；它是一个整体，对于地球上的每个人都是相同的[②]。

在确定全球排放总量限制时，贫穷国家被迫接受了一个超出它们承受能力的较低的全球排放上限。从这一特性出发，根据排放量，发展中国家必须受到比工业国家更优惠的待遇[③]。否则，它们就不会同意。并且，除非所有国家都同意，否则世界的二氧化碳浓度永远达不到阻止全球气候变化的最低水平。这就是为什么必须给予发展中国家优惠的排放权利。促使发展中国家少排放对减少大气中的二氧化碳含量是徒劳无功的，也是不公平的，除非为它们实施一些补偿性措施。这一特性也使碳交易市场同我们以前所见到的市场相区别；它是一个使效率与公平紧密相连的市场。

4.1.1.1 碳交易市场，还是碳税？

为什么《京都议定书》在减排问题上选择了市场手段？《京都议定书》本来可以简单地把全球排放控制总量分解，根据各国能够接受的水平把排放权逐一地分配给它们。但是，如果不建立排放权的交易机制，它可能就停滞

① 见参考文献 Estrada Oyuel（2000）2.3条。

② 见参考文献 Chichilnisky，Heal（1994，2000）；Sheeran（2006）。这不适用于二氧化硫。

③ 这是齐切尔尼斯基在她对碳交易市场的介绍中提出的给发展中国家以优惠待遇的原则。参见 Chichilnisky（1997）；Chichilnisky，Heal（1994，1995）。

不前了。实际上，京都谈判曾经朝那个方向发展，但美国坚持认为，没有排放权的交易，协议就不可能达成。美国需要额外的灵活性，而这正是市场所能提供的。

可以这样认为：世界无论如何都需要强制限制温室气体排放。每个国家不得不同意限制它的温室气体排放，这是必需的。否则，我们不可能在解决全球变暖问题方面取得任何进展。

但是，一旦逐个国家确定了排放限制，市场手段就水到渠成了。而且，本小利大。只有交易排放权，才会产生灵活性。一个国家在某一年的排放可以高于它的限额，而下一年的排放低于它的限额，这是很难预测的。采用市场手段，在所有国家总的排放量低于全球限制的前提下，单个国家的排放量可以上下浮动，某一年上升，下一年下降。这成为一种非常正常的和合意的灵活性。这当然也非常符合世界上最大的排放国——美国的利益。对美国来说，灵活性非常重要。这个简单的规则拯救了那一天。

建立碳交易市场的基础是对成员确定强制的排放限制。这给全球排放设定了一个固定的上限，这也正是大多数环境学家们所主张的。设定排放上限是避免灾难性气候变化风险的唯一途径。仅此一点就使市场手段比碳税更具有吸引力，因为碳税不能实现控制排放总量的目标①。

这是一个著名而普遍的真理。实际上，“总量控制与交易”手段同碳税的主要区别之一就是它对控制世界总的污染水平的保证程度。在“总量控制与交易”体制下，污染的总水平是由所分配的排放权数量控制的。如果全球的排放权总数为60亿吨二氧化碳，并且这一系统一旦启动，那么，全球的排放量就不会超过60亿吨。国际社会也会提前知道总的排放量会减少多少。全球的碳排放总量也是可预测的。但是，采用市场手段也有一个重要的方面是不可预知的，那就是排放者将排放量减少到特定水平的成本。这个成本由排放许可的价格来反映。这个价格将由供和求两种力量共同决定。一般来说，它是不可能提前精确地预测的。

碳税的情况则明显不同：排放者的排放成本是由碳税给定的，可以明确地获知。但是，污染总量是不可预测的。只要减少1吨二氧化碳的成本低于

① 见参考文献 Chichilnisky，Heal（1995）。

排放者为排放1吨二氧化碳而缴纳的税金，排放者就会减少排放。因为我们不可能提前知道减排的成本会是多少，不可能预测排放者对污染税所做的反应，因而也不知道它们会减排多少。这就是“总量控制与交易”手段同污染税的根本区别。

这里有一个简单的例子：考虑烟草税。烟草税并不能保证减少吸烟者吸烟的数量，它只是对购买烟草提供了不利因素。从理论上讲，如果我们提高吸烟者的成本，应该会减少吸烟者对烟草的消费量。这只是一种愿望。但是，如果我们不能将价格定到足够高，或者人们宁愿受罚也要吸烟，烟草的消费量就不会减少，还可能会增加。类似的例子还有收入税和遗产税。我们不能预测人们对征收这些税的反应，是少工作，还是少留遗产。即使我们知道他们的确切反应，我们也无法知道具体的数量。

碳税也一样。碳税将惩罚那些排放者，并为减排提供激励，从而达到减排的目的。但是，碳税不能提前保证全球的碳排放会减少到我们所需要的能够避免灾难性气候风险的水平。气候风险已经迫在眉睫，我们没有时间也不可能调整碳税直到我们为每吨二氧化碳设定一个合适的税率，使它刚好能够诱发我们所期望的减排量。这可能要花费30年的时间。关于气候变化，我们确信知道的就是全球排放量减少多少才能最大限度地避免最严重的气候变化风险。我们应该从我们所知道的开始起步，并围绕它来制定策略。这就是碳交易市场允许我们做的。

在政治十分敏感的情况下，有必要知道政策干预产业发展的代价，这是污染税所强调的。在环境对污染十分敏感的情况下，有必要知道政策所能达到的污染总水平。这是排放交易所强调的。后者可以帮助理解为什么碳交易市场比碳税更适合解决全球气候变化问题。全球气候系统有一些重要的临界点。如果我们越过这些临界点，后果是不可逆转的。我们必须知道一个使风险最小化的全球排放上限，以使我们不至于越过这些重要的临界点①。

另一个更具有政治敏感性的问题是全球征税机构的建立，它是伴随碳税手段必须做的。这是一个连想都不敢想的问题，更别说做了。它的难度可能相当于成立第二个联合国，也不亚于让像美国这样的国家的公民同意成立一

① 见参考文献 Chichilnisky，Heal（1995）。

个管理国际安全事务的全球机构。成立一个全球征税机构会受到普遍反对。大家担心，成立一个全球机构需要从世界各国募集资金，这笔资金约占世界GDP的1%，约合1万亿美元，基本上够用来扭转全球变暖了。这样的征税机构在不久的将来出现会怎样呢？缺乏对类似的全球管理机构的信任，可能会使所有的努力付诸东流。相反，碳交易市场很容易克服这些困难，因为就其本质而言，它不需要官僚的中介机构。高于排放限制的坏人补偿低于排放限制的好人，既简单又直接。中间没有税收机构，不用募集资金，也不用考虑怎么使用这些资金。

更普遍地，政治学和气候变化的潜在的自然现实也倾向于碳交易市场，而不是碳税。美国发现以市场为基础的手段同它所倡导的市场导向的经济政策是一致的。以税收为基础的手段是对强烈反对税收的华盛顿政治气候的诅咒。如果不把碳交易市场包括在《京都议定书》之中，美国就会从谈判桌前走开。欧洲的传统则明显不同。碳税与欧洲的经济政策范式更一致。多数欧洲国家政府历史上就同以市场为基础的污染管理手段没有天然的联系，认为市场是问题的一部分，而不是问题解决办法的一部分。因此，欧洲对“总量控制与交易”体制的概念并不熟悉。这也部分地解释了为什么欧洲谈判代表对《京都议定书》中的碳交易市场表现出了犹豫的态度。

4.1.2　步骤二：分配排放权

《京都议定书》的谈判代表们在为全球排放规定一个上限的同时，还不得不决定在国家之间如何分配这些排放权。人们也许认为两个问题是独立的，确定一个排放上限和谁排放多少是不同的问题。然而，令人惊讶的是，完全不是这么回事。事实证明，这两个问题实际上具有自然、经济和政治联系。这些联系对理解全球气候谈判提出的机遇与挑战十分重要。

而且，从实践方面来看，这两个问题在《京都议定书》的谈判过程中也是密不可分的，也正是这些联系使《京都议定书》的谈判取得了成功。1997年12月，当每个国家的排放上限被一一接受的时候，全球的排放上限也达成了。这种结果的出现，有很好的理由。这两个问题完美地结合在一起。公平对待发展中国家，给它们以优惠待遇，是非常重要的理由。否则，它们不会同意《京都议定书》所规定的较低的排放上限。发展中国家认为，这是一个历史公平问题，工业国家在其工业化过程中排放了大量二氧化碳，现在不能要求发展中国家不排放。无论是过去还是现在，只养活 20% 世界人口的工业化国家都是世界能源消费的主体和二氧化碳排放的主体。世界资源利用的不平衡仍然是摩擦产生的主要根源。要求发展中国家继发达国家之后进行减排只会增加冲突。还有另外一个现实问题。即使发展中国家停止它们的所有排放，对解决全球变暖问题也没有多大帮助，因为发展中国家的排放量很少。事实上，所有非洲国家的居民加在一起也只排放了世界总排放量的 3%，拉丁美洲的排放量也大致相当①。

对很多人来说，这些信息可能会导致认知失调。对于全球变暖问题，大多数人首先想到的问题是会增加碳排放。两个广为流传的神话在碳排放问题上仍然很流行：

（1）贫穷国家拥有较多的人口，因此，消费了世界上大多数的能源；

（2）类似地，人均 GDP 与碳排放没有必然联系。

显而易见，这两种观点是完全错误的。首先来看第一个问题，根据 IEA 的统计，到 2003 年，发展中国家只消费了世界能源的 41%。这看起来好像很高，但是请记住，发展中国家养活了世界 80% 的人口。只养活了不到世界人口 20% 的工业国家却消费了世界能源的 60%。

富裕国家排放了世界大多数的二氧化碳。对自然资源的过度消费在其他方面也可以得到证实。根据世界资源研究所（World Resource Institute，WRI）从联合国粮农组织（FAO）搜集的数据，到 2002 年，富裕国家消费了世界 43% 的肉类②。而肉类生产排放的二氧化碳占世界碳排放总量的 18%，高于包括轿车、轮船、飞机和卡车在内的所有交通运输部门的碳排放所占的比例③。

排放权是非常有价值的商品，尤其是当这些权利在全球碳交易市场上交易的时候。排放权的分配是各国间财富再分配的一种有力工具。一个国家得

---

① 第 5 页图 1 给出了工业国家和发展中国家排放的详细情况。

② 这包括了所有肉类。OECD 国家的牛肉和小牛肉的消费量约占世界总消费量的 80%。见参考文献 Chichilnisky（2005 ~ 2006）和 UN FAO（2006）。

③ 见参考文献 UN FAO（2006）。

到的排放权越多，它通过在国际市场上出售这种有价值的商品所获得的收入也越多。正像我们在第5章所看到的，我们可以利用《京都议定书》这种潜力缩小贫穷国家与富裕国家间的收入差距。

4.1.2.1 谁更应该减排：是富裕国家，还是贫穷国家？

全球排放的上限值应该建立在气候科学的基础之上，至少理论上是这样。而如何分配排放权则具有一个有趣的特征：它能够被用来保证市场手段的有效性。

这看起来似乎是对如何在各国间分配排放权这样一个主观问题的客观答案。排放权的分配与全世界整体的排放权总数相关。20世纪上半叶，伟大的瑞典经济学家埃里克·林达尔（Eric Lindahl）解释了为什么效率原则规定低收入人口在使用公共物品方面应该拥有更多的权利。法国经济学家庇古（Pigou）在谈到税收问题时也对这个问题进行了解释。1992年，齐切尔尼斯基、希尔和斯塔莱特关于碳交易市场得出了同样的结论[①]。简言之，对于公共物品，公平与效率相关联。或许并非偶然，1997年12月《京都议定书》的谈判代表们也恰恰得出了同样的结论。

谈判代表们本来也可以采用几种不同的办法分配排放权。例如，一种办法可以是给所有国家按相同的百分比确定其排放上限。在这种情况下，像孟加拉国这样人均收入只有1 400美元的国家不得不与像德国这样人均收入为34 400美元的国家减少相同百分比的排放。在世界收入差距非常明显的情况下，这样分配是非常不公平的。

也有人建议按人口规模分配排放上限。在这种情况下，在利用大气方面，拥有13亿人口的中国就要比拥有3亿人口的美国获得更多的权利。事实上，按这种方案中国获得的排放权是美国的4倍。许多人认为这样才公平，但是政治上可能是行不通的。很难想象，世界上的富裕国家会将那么大的优势拱手让给人口众多的发展中国家。碳排放权就是利用煤炭等化石燃料的权利，而中国又是世界上煤炭储量最多的国家。

在实践方面，1997年12月11日那一关键时刻，谈判代表是怎样确定

① 见参考文献 Chichilnisky，Heal（1994，1995，2000）；Chichilnisky（2009b，1994）。

世界总的排放上限并将其分配给各个国家，最终达成《京都议定书》的呢？谈判代表们再一次遵循了《联合国气候变化框架公约》所建立的合作原则，这恰巧同林达尔和庇古的观点相吻合，也与齐切尔尼斯基、希尔及斯塔莱特的努力相一致[①]。

《联合国气候变化框架公约》所建立的“共同但有区别的责任”的原则认为，世界各国过去对大气中二氧化碳含量的贡献不同，今天在减排方面的支付能力也不同。这一原则是富裕国家和贫穷国家关于2012年《京都议定书》过期以后是否以及如何限制发展中国家排放问题争端产生的根源。《联合国气候变化框架公约》第三条指出：

“各缔约方应当在公平的基础上，并根据它们共同但有区别的责任和各自的能力，为人类当代与后代的利益保护气候系统。据此，发达国家缔约方应当率先应对气候变化及其不利影响。”

1992年的《联合国气候变化框架公约》第四条规定，发展中国家不被要求减少二氧化碳排放，除非它们获得补偿。

因此，《京都议定书》没有给发展中国家分配强制的排放限制。这是对它们过去以及目前有限的能源利用和有特殊的需求与限制条件的事实的一种认可。《京都议定书》只给工业化国家规定了排放限制，附件一中的39个国家的排放量占世界排放总量的2/3。工业化国家中，各国的减排承诺也不尽相同；但是，2008~2012年第一承诺期各国需要在其1990年的排放水平上平均减少5.2%。

《京都议定书》规定，工业化国家应该在阻止全球气候变化方面发挥带头作用，要求工业化国家开拓创新，与发展中国家分享它们的经验和技术，使发展中国家在不远的将来可以紧随其后加入减排之列。但是，我们应该记住，《京都议定书》是国际谈判的产物。它分配给发达国家和发展中国家不同的角色，代表了国际社会的普遍意愿。《京都议定书》确实是卓越的。它不仅有史以来第一次给温室气体排放设定了一个上限，而且还促使各国去异求同，在考虑了现实中的不公平的基础上提出了公平分配减排任务的原则。它对公平做出了让步，这几乎是在国际事务中从未有过的事情。它创造了一

① 见参考文献 Chichilnisky，Heal（1994，1995，2000）。

个先例，这将改变21世纪的世界经济。

4.1.3 步骤三：灵活性与效率

要设计一个世界上有足够多的国家支持的国际气候协议，谈判代表们不得不同时解决两个问题：（1）减少碳排放，避免气候变化，并公平地分配排放权；（2）取得最大的灵活性和以最小的成本高效地实现减排目标。碳交易市场可以迅速解决这两个问题。

碳交易市场是怎样做到同时保证灵活性和效率的？虽然碳交易市场同其他的市场明显不同，但它毕竟还是一个市场。本质上，市场是一个效率机制。这也是为什么市场会成为当今世界经济中最强大的机制。

碳交易市场在经济中具备有效配置资源的潜能。通过给碳排放定价，碳交易市场迫使我们认真对待曾经被忽视的稀缺性——大气吸收温室气体能力的有限性。它使我们必须正视利用化石燃料的真实成本，包括我们对我们自己和子孙后代所造成的损害。

分配产权和给地球大气如此珍贵的资源定价似乎是很讨厌的事情，但我们别无选择。世界经济是一个市场经济；它依赖市场信号选择稀缺资源的“最优”或“最有效”的利用方式。实际上，直到现在世界经济中碳的价格一直都是零。市场从未有过像碳价格一样的错误价格。正如奥斯卡·王尔德（Oscar Wilde）的一句名言所说，“经济学家是知道所有事物的价格但不知道任何事物的价值的人。”①

碳排放是能源利用的副产品，能源又是经济中最重要的投入品，因此，过去错误地给碳排放权定价使资源的利用效率一直较低。这也是我们今天面临与时间赛跑、摆脱化石燃料困境的原因。对于人类来说，化石燃料是非常昂贵的；如果我们把人类的生命损失、物种消失和对生态系统造成的不可恢复的破坏都算上的话，全球变暖的代价是不可估量的。迄今为止，我们的市场对这些代价还一无所知。试想一下，如果我们过去为碳排放支付了成本，今天我们会怎么样？很难想象，我们现在的经济和技术会有多么的不同。

---

① 见参考文献 Chichilnisky（2009c）。

4.2 清洁发展机制与发展中国家

实际上排放权贸易的逻辑非常简单。假设有两个相似的国家——意科兰德（Ecoland）和格林脱比亚（Greentopia），两国均需要减少二氧化碳排放。意科兰德的全部减排都能够在本国境内实现，格林脱比亚也一样。但是，如果意科兰德的减排成本低于格林脱比亚的减排成本，情况会怎样呢？我们知道，一些减排技术的成本会比较低。像太阳能、风能和荧光灯等可以提高能源利用效率的技术以及提高家庭与建筑物能源利用效率、节能型汽车标准等措施都能以较低的成本节约化石燃料。有时这些选择被称作“唾手可得的果实”。如果“唾手可得的果实”仍然挂在意科兰德，而格林脱比亚已经耗尽了它的低成本减排资源，情况会怎样呢？如果与格林脱比亚相比，意科兰德拥有丰富的水力和风力资源可以替代煤炭和天然气，情况又会怎样呢？有很多可能的原因使一个国家的减排成本低于其他国家。在这种情况下，为什么不在减排成本比较低的国家进行减排以节约成本呢？

排放权贸易使格林脱比亚的减排在意科兰德进行成为可能，从而使两国都能从中受益。或者格林脱比亚在意科兰德境内直接投资进行减排，并将减排的数量计入《京都议定书》规定其必须减排的总量之中；或者意科兰德自己减排，然后将多余的大气使用权卖给格林脱比亚。无论哪种情况，格林脱比亚都以较低的成本实现了它的减排目标，意科兰德则通过出售它多余的排放权而从中获益，因为它具有以较低成本减排的资源、技术，或者未开发的能效潜力。

《京都议定书》允许有强制排放上限的工业化国家之间进行排放权交易。《京都议定书》还建立了一个联合履约机制（Joint Implementation，JI）。这是一个工业国家（尤其是中东欧的经济转型国家）之间以项目为基础的双边排放权交易机制，它允许一个国家在另一个国家直接投资减排项目。然而，由于JI是一个关于双边贸易的机制，而且强大的富裕国家和贫穷的发展中国家之间力量相差悬殊，很难进行对等的双边贸易，所以JI只适用于有强制排放限制的工业化国家之间的排放权交易。实际上，《京都议定书》

第六条规定：

“为履行第三条承诺的目的，附件一所列任一缔约方可以向任何其他此类缔约方转让或从它们获得由任何经济部门旨在减少各种源头的人为排放或增强各种温室气体汇的人为清除项目所产生的减排单位……”

为了给发展中国家提供减排的动力，就像《京都议定书》要求所做的那样，鼓励北方国家向南方国家投资和技术转移，必须设计一个能包括发展中国家的全球碳交易市场。

通常被称为“京都惊喜”的清洁发展机制（CDM）在全球碳交易市场上为发达国家和发展中国家之间建立了重要的联系①。

CDM 使工业化国家能够在发展中国家投资减排项目，并将减排量计入它自己的减排额度。它和 JI 非常相似，只不过它在碳交易市场上运行时不是双边交易，而是一个多边市场。它明确了发展中国家在新兴的全球碳交易市场上的作用，它允许私人部门以盈利为目的参与其中。就像第十二条所定义的：

“清洁发展机制的目的是协助未列入附件一的缔约方（发展中国家）实现可持续发展和有益于实现《联合国气候变化框架公约》的最终目标，并协助附件一所列缔约方实现其量化的排放限制及减少排放的承诺……”

CDM 的想法非常简单明了。通过在发展中国家投资，以较低的成本进行减排，排放者可以节约资金。作为回报，发展中国家也从在它们经济中的直接投资和技术转移获益。

实际上，通过 CDM 资助减排的方法很多。发达国家可以在发展中国家投资减排项目，并将所产生的减排额度计入它们自己的减排目标。发达国家的排放者，如公用事业公司，可以在发展中国家直接投资 CDM 项目，并将所产生的减排额度算做满足它们在本国内的排放限制（为了使一个国家实现其由《京都议定书》规定的目标，有必要要求排放者在本国境内进行减排）。或者，发展中国家自己投资减排项目，并通过 CDM 出售所产生的减排额度。最后，CDM 项目也可由第三方——通常是 NGO、开发机构或私人营利机构投资，由此所产生的减排额度也可在全球碳交易市场上出售。到目

① 见参考文献 Estrada Oyuela（2000）。

前为止，CDM项目包括植树造林、水电、沼气捕获、提高能源效率和能源转换。这些CDM项目的案例将在第6章详细列出。

CDM将全球减排与更广泛的可持续发展目标联系起来。它激励发展中国家采用清洁技术，步入一条通向未来的生态的可持续发展之路，而不再重蹈工业化国家发展的覆辙。然而，CDM仍然是《京都议定书》中最受争议的部分之一，为什么？

主要的问题是，截至目前，大多数即约占总数60%的CDM项目都投向了中国[①]。这是因为CDM项目的减排额度仅限于减少二氧化碳排放。由于中国是目前发展中国家中排放量最大的国家（约占世界排放总量的18%），因此，它可以减排的数量很大。整个非洲的排放量只占世界总排放量的3%，所以今天非洲只能得到很少的CDM项目，它从CDM所获很少，是因为它排放很少。拉丁美洲也是如此。正如在第2章和第5章所描述的，在这里要介绍的是，CDM项目应该允许"负碳"技术，也就是那些允许一个区域的减碳量超过它的排放总量的项目。在这种情况下，非洲能够减少世界排放总量的20%，尽管它的排放量只占世界排放总量的3%。这是一种解决办法，但是这需要对CDM作适当的修改，允许使用这样的技术。

4.2.1 避免产生问题

一个主要的批评是欧洲必须改进它的技术，以适应清洁能源的发展，但是，CDM项目使欧洲逃避这种技术转换。另外一个重要问题是CDM投资带来的减排额度必须是那些"相对于没有核准项目活动的情况下产生的减排而言是额外的减排。"[②]。在对《京都议定书》的争论中，"字面上的减排吨数"和"虚报"这样的字样都说明了核实全部交易国家减排数量的重要性，尤其是发展中国家。《京都议定书》本身也要求由设在德国波恩的CDM鉴定委员会（Accreditation Committee）对减排量进行核证。原因很简单。CDM

---

① 见世界银行报告《碳交易市场的现状与趋势》，2006，2007。

② 见参考文献Estrada Oyuela（2000）。《京都议定书》不限制一个国家购买用于抵销其排放额度的碳信用数量。然而，也不尽然。他写道："贸易是意在实现量化排放限制和减排承诺的国内行动的补充。"对特定类型CDM项目的使用也有进一步的限制。

允许工业化国家以在发展中国家的减排代替它们在本国境内的减排。如果它们从发展中国家购买的减排额度不是真实的，那么，全球的排放量就不会减少。如果这些减排额度不是合法的，例如，如果各国出售的减排额度不是由真正的减排活动产生的，或者确实是由减排活动产生的，但却是没有其他国家投资的减排活动，那么，CDM 实际上就打破了《京都议定书》规定的全球排放上限。因为这是一件有利可图的事情，所以商业机构就有夸大减排额度的动机。这并不是对 CDM 背后逻辑的无端指责，而是给它以忠告，避免在实施过程中出现这样的事情。对正确使用 CDM 的有效监控现在是、将来也是非常必要的，并且我们有理由相信，有效的监控是可能的。

最后，需要指出的是，对排放限制还存在一个误区。发展中国家的确没有排放限制，但是它们确实有一个所谓的排放基线。该基线用来衡量常规商业运营排放基线的变动趋势，并同 CDM 项目所预计的减排量相对照。因此，该基线被 CDM 鉴定委员会用于测量如果没有 CDM 项目的排放数量。

还有另外一个需要考虑的问题：欧盟需要关注的基本问题。《京都议定书》将减排的大部分负担都分配给了对全球气候变化负有主要责任和最有能力支付减排的那些国家。排放权交易使工业国家逃避高成本的减排负担并阻止化石燃料转换了吗？美国在退出《京都议定书》之前曾声称它将从国外购买大部分它所承诺的减排额度。因此，答案是肯定的。各国可以通过排放权交易避免在本国境内投资减排项目，但这是有限的。值得庆幸的是，有一个很容易的解决办法：由于排放权交易使各国很轻松和很便宜地进行减排，并满足它们的排放限制，那么，我们可以在下一轮谈判时进一步降低排放上限。我们知道，2012 年《京都议定书》过期以后进一步减排是必需的。由于排放权交易降低了履约成本，从而提高了将来各国同意降低排放上限的可能性。

不过，针对碳交易市场和它的 CDM 仍然存在争议，这将在下一章介绍。碳交易市场是世界上从未有过的一种新型市场，我们只能边干边学①。这并不奇怪，还有很多需要调整；毕竟《京都议定书》只是一个开始，而不是结束。

---

① 见参考文献 Chichilnisky，Heal（1994，1995，2000）。

4.2.2 批准与实施

在《京都议定书》正式生效、成为国际法之前，以及在排放限制具有约束力之前，《京都议定书》必须得到大部分国家批准。这必须包括足够的工业国家，这些国家的排放量至少应该占到全部工业国家排放总量的55%。这条规定是必需的，它能确保减排的总体有效性，并使各国认为值得参与其中。事实上，这条规定没有赋予个别国家否决《京都议定书》的权力，但是，它却赋予了美国和俄罗斯整体否决权。没有俄罗斯的参与，或者没有美国的参与，《京都议定书》都能正式生效，但是，如果同时没有俄罗斯和美国的参与则不行。

目前，美国仍然反对《京都议定书》，但俄罗斯改变了它的立场。《京都议定书》自1997年诞生后历时8年才正式生效。历时这么久，就是为了等待有足够的附件一所列国家批准《京都议定书》。欧盟虽然在引入碳交易市场问题上曾犹豫不决，但却在谈判结束后短短的几个月内就批准了《京都议定书》。而《京都议定书》的最早签字国、碳交易市场的主要推动国——美国，却在新当选的共和党总统乔治·W. 布什（George W. Bush）的领导下于2001年宣布退出《京都议定书》。美国的决定，给《京都议定书》以严重打击。美国的大多数经济学家都预言《京都议定书》必死无疑。简直难以相信，布什和他8年作为世界上最强大国家的总统职位远不如一个阻止全球气候变化的国际协议强大。

《京都议定书》虽然地位卑微，但它远比乔治·W. 布什强大。布什总统已经卸任，而《京都议定书》已经成为一部国际法律，它的碳交易市场突飞猛进，迄今为止其交易额已达800亿美元，目前每年约500亿美元[①]。2008年，美国的所有候选人都宣布了批准《京都议定书》的意愿。这是现代史上的一个教训。

批准《京都议定书》的所有焦点都转向了俄罗斯，它是除美国之外唯一一个基年有足够的排放量、有资格实施《京都议定书》的国家。俄罗斯

① 见参考文献 World Bank（2006，2007）。

拥有独一无二的地位。随着1991年苏联（The Soviet Union）的解体，它的去工业化使它的排放量明显减少。这意味着俄罗斯要满足《京都议定书》所规定的排放目标比它预计的要容易得多。这也意味着俄罗斯是一个可以通过碳交易市场出售其未使用的排放权的国家。

俄罗斯在2004年年末批准了《京都议定书》。90天以后，也就是2005年2月16日，《京都议定书》正式生效。到2009年年初，已经有181个国家批准了《京都议定书》，包括附件一所列的37个国家，它们的排放量占工业化国家排放总量的64%。澳大利亚于2007年批准了《京都议定书》。当然，最引人注目的是，世界上最大的温室气体排放国——美国的缺席。到本书截稿之时，附件一所列国家中只有美国和哈萨克斯坦两个国家还没有批准《京都议定书》。

4.3 碳交易市场的现状

当2005年《京都议定书》正式生效的时候，全球碳交易市场成为了一部国际法律。从那时起，《京都议定书》的碳交易市场表现如何？它达到预期的效果了吗？几个基本数据可以说明迄今为止碳交易市场的优良表现：到2006年年底，开始交易后的第一个整年，交易额就增长为300亿美元，比2005年多了3倍。2007年，交易额达到了500亿美元。

全球碳交易市场包括了几个区域性市场，它们之所以能够形成，是因为《京都议定书》提供了排放权交易机制和CDM。目前，欧盟排放交易计划（The European Union Emissions Trading Scheme，EU ETS）是最大的市场。2006年，欧盟排放许可在该市场上的出售与再出售额达到了250亿美元。芝加哥气候交易所（Chicago Climate Exchange，CCX）和新南威尔士交易体系（New South Wales，NSW）是两个为自愿减排的公司和个人提供交易场所的小市场，它们也见证了交易额和交易量的记录。它们的交易额增长迅猛，预计达1亿美元①，但是，估计它们不会在全球市场上发挥决定性作用。

① 见参考文献World Bank（2006，2007）。

过去和未来真正的成功经验是通过CDM和为数不多的JI以项目为基础的活动所获得的排放额度贸易。这些项目急剧增加，2006年项目投资总额约为50亿美元。中国继续在CDM市场中占据主导地位，获得了CDM项目投资总额的61%。根据世界银行的报告，2007年CDM项目投资额达150亿美元。已有超过230亿美元通过清洁生产项目流向了发展中国家，这些项目的减排数量相当于欧盟每年排放量的20%[①]。

谁是碳交易市场上的主要买家和卖家？目前，碳交易市场上的主要买家是：

（1）对EU ETS感兴趣的欧盟私人买家。

（2）对履行《京都议定书》感兴趣的政府买家。

（3）日本参加经济团体联合会的自愿行动计划（Keidanren Voluntary Action Plan；见术语表）的自愿减排公司。

（4）在日本和欧洲运营、在美国东北部及大西洋中部筹备区域温室气体行动计划（The Regional Greenhouse Gas Initiative，RGGI）或筹备旨在确定全州排放上限的加利福尼亚州议会法案32（The California Assembly Bill 32）的美国跨国公司。

（5）由NSW市场调节的能源零售商和大用户。

（6）在CCX交易的自愿减排但又依法履约的北美公司。

2006年，欧洲买家垄断了CDM和JI市场。它们占据的市场份额由2005年的50%上升到了86%。日本在CDM市场上只有7%的份额。英国主导着CDM市场，它占据了以项目为基础的交易量的50%，其次是意大利，占10%。私人部门买家，主要是银行和碳基金购买了大量的CDM资产，而公共部门买家则是JI资产的主要购买者。

除金融表现外，有必要评估碳交易市场的环境影响，以便了解市场取得的实际碳减排量。CDM市场在减排方面发挥了重要作用。与2006年EU ETS市场的反复无常形成对照，以项目为基础的减排额度显示出了高度的价格稳定性，交易数量也稳步增加。然而，最重要的事实是，2002年以来通过在发展中国家投资价值80亿美元的CDM项目累计减少碳排放9.2亿吨，相当于欧盟2004年排放量的20%[②]。这种趋势在2007年得以持续和加强，

①② 见参考文献World Bank（2006，2007）。

当年新增的CDM项目价值150亿美元，其中主要流向了中国，很少一部分流向非洲与拉丁美洲。

4.3.1 碳的交易价格与市场的稳定性

尽管碳交易市场取得了成功，但是碳的交易价格却剧烈波动。这是令私人部门担心的问题，因为它们需要根据稳定的价格信号计划成本和机会。由于碳交易市场的历史还很短，对碳的交易价格如何确定的问题认识混乱是可以理解的。许多人认为它是根据供求关系自由浮动的。确实，它在短期内是随着供求关系的变化而有所波动，而市场“基本面”决定碳的交易价格也是可能的。

2006年碳交易市场的行为是解释碳交易价格波动的关键，当年欧盟选择了更高的排放上限，所以碳的交易价格由每吨30美元降到了每吨10美元。这也许能说明碳交易市场在确定碳的交易价格方面是如何发挥作用的，以及这些价格如何随时间波动。

关键是在化石燃料主导的全球经济中，碳交易市场上有两个“基本面”决定着碳的交易价格：(1) 排放上限，它衡量稀缺性和对“排放许可”的需求程度；(2) 允许我们将化石燃料转化为产品和服务的技术，它赋予了减排的“机会成本”。

首先来看排放上限。排放上限是由政府根据《京都议定书》对它们规定的减排义务确定的。政府可以确定它们实现《京都议定书》目标的具体步骤，它们也可以相应地建立自己的排放上限。排放上限越低，减排的义务越重，因此，碳的交易价格也就越高。碳交易市场就是这样运行的。2006年，欧盟发现，由于将碳排放的上限定得太高，碳的交易价格降幅很大。欧盟承诺相应地调整排放上限，通过降低排放上限，政府提高了对排放许可的需求，进而提高了碳的交易价格。

碳交易价格的第二个决定因素是将能源转换为产品的技术。技术决定了减排的“机会成本”，即我们因减少化石燃料利用而放弃生产的产品，或者像在第2章和第5章所讨论的碳捕捉的成本。

碳交易市场就是这样发挥作用的：它为使用清洁生产技术提供了激励。

它偏好排放少而不是排放多的技术。后者不得不为它的排放支付成本，前者则因避免了排放而获得奖励。

在碳交易市场和技术之间存在着关键的相互作用。技术影响着市场的交易价格。反过来，市场的交易价格决定着开发和使用什么样的技术。这种相互作用就是我们在近期和长期有能力解决全球变暖问题的核心，因为如果我们选对了技术，就能扭转全球变暖。

4.4 下一个是什么?

尽管《京都议定书》还存在一些缺陷，但它已经取得了明显的成就。在它成为国际法律的最初两年，也就是2006年和2007年，碳交易市场的交易额就达到了800亿美元，相当于欧盟每年的排放量减少了20%；它具有技术转换和减排双重效应；同时，它还具有明显的财富转移效应，截至目前，通过清洁和有价值的减排项目，已经有230亿美元流向了贫穷国家。这种转移是合意的，也是公平的，因为发展中国家历史上排放的二氧化碳很少，如今利用的能源也很少，却要同样承担气候变化风险带来的压力。

由于《京都议定书》碳交易市场的神奇力量，所有这一切都是可能的，还会有更加神奇的。正如我们将会看到的，《京都议定书》的碳交易市场将在不给世界经济增加净成本的前提下扭转全球变暖趋势。它可以促进可持续发展，还可以缩小贫穷国家与富裕国家之间的收入差距。而且，它是在不给纳税人增加负担的前提下通过为未来清洁技术的发明与实施提供激励来做到这些的。

但是，对碳交易市场的批评和中美两国之间的僵局威胁着《京都议定书》的继续生存。这部戏剧的悬念就在于《京都议定书》能否在众多的批评中幸存下来，能否被拯救。我们拭目以待。

第 5 章

《京都议定书》不确定的未来

巴厘岛是地球上最美丽的地方之一，是印度尼西亚群岛中的一座田园般的大岛，不仅拥有优美的自然风光，还是历史上著名的艺术殿堂，也是淘气的猴子的乐园。但是，它也是极易受到气候变化和海平面上升影响的地方之一。这一点时刻提醒着参加 2007 年 12 月巴厘缔约方会议的气候谈判代表们：人类当前的处境有多么危急。巴厘会议的核心问题是 2012 年《京都议定书》失效以后应该做什么。

关于 2012 年以后如何减排问题的国际谈判始于 2005 年，即发端于标志着《京都议定书》正式生效的蒙特利尔第 11 次缔约方会议上。但是，好景不长。到第 13 次缔约方会议在巴厘岛召开之时，已经有许多新的科学证据表明全球变暖比我们所担心的还要迅速。《京都议定书》所要求的减排量同全球迅速增加的排放量之间的差距日益扩大。这促使人们重新认识全球气候谈判的紧迫性。

在巴厘岛召开的第 13 次缔约方会议的重要成就是形成了“巴厘路线图”，它启动了关于确定《京都议定书》后续协议的新的谈判进程。“巴厘路线图”规定，2009 年第 15 次缔约方会议在哥本哈根召开之前至少两年多的时间里完成有关应对气候变化新安排的谈判。这一新的安排会决定未来若干年里世界将如何减少温室气体排放。我们所剩时间不多。地球的命运将由 2009 年的哥本哈根会议来决定。

5.1 一位权威人士关于巴厘谈判的诠释

格瑞希拉·齐切尔尼斯基参加了巴厘气候谈判。下面是她对这次谈判的记录。

对于我来说，巴厘气候谈判的气氛和往届联合国气候大会一样，很像马戏场，只不过这次更明显。清洁发展评审委员会（The Clean Development Accreditation Committee）主席、《京都议定书》执行委员会（The Executive Committee of the Kyoto Protocol）中77国集团（G77）的代表埃尔南·卡利诺（Hernan Carlino）邀请我参加分会场的会议。我的作用是就2012年以后《京都议定书》的后续协议提出建议。

天气很温暖，空气很清新。和往常一样，争论很具技术性。这次会议被电视直播，世界上成千上万关心《京都议定书》未来的人观看了这次会议的实况。

但总的来说，参加会议的大部分谈判代表都很受挫。有一段时间，大部分国家已经准备就下一步行动达成协议了，但美国代表团坚持说还需要更多的对话和辩论。气氛非常紧张，最后终于以大卫—哥利亚式[①]爆发了。巴布亚新几内亚的代表凯文·康拉德（Kavin Conrad）在面向全世界电视直播的镜头前大胆地指责美国："……我请问美国，我们要求你的领导，我们寻求你的领导，但是，如果由于某种原因你不方便做领导，那么，把它留给我们，请你出去。"[②]

巴布亚新几内亚是一个传统的小国，但制定了一个宏大的计划：保护它

---

① 取自圣经故事。非利士人来攻打以色列，国王扫罗率众列阵以待。这时，非利士人中站出一个讨战的人，名叫哥利亚，他高大魁梧，身着重甲，手持重铁枪，对着以色列人骂阵40天，以色列人没有人敢与他对阵。大卫是以色列伯利恒小城的一个牧童，这天奉父亲之命去探望前线的三个哥哥，他见哥利亚骂阵，便自告奋勇上前迎战。扫罗见大卫信心很足，就把自己的铠甲给他。大卫拒绝了，仍是一身牧童打扮，率众走上战场。他大声地痛骂哥利亚，并用甩石机甩出石头打昏了哥利亚，然后冲上前去，拔出利刃割下了哥利亚的头颅，挽救了以色列。从此，少年大卫成了全国闻名的英雄。后来，大卫成为以色列国王。——译者注。

② 联合国区域信息中心（The United Nations Regional Information Center）提供给《西欧杂志》（Western Europe magazine）2007年第16期。

们的森林和生物多样性。虽然这次表现出了明显的对立，但实际上这个小国对美国一直是非常支持和友好的。在巴厘谈判的这一段时间里，美国像往次谈判一样，还是对立多于合作。在美国反对谈判这么多年之后，许多国家自然希望美国最好不在场，这样，其他代表就可以按日程将谈判进行下去。但是，巴布亚新几内亚不是这样认为的。事实上，巴布亚新几内亚代表的本意是促使美国重返谈判，美国也出乎意料地来了一个一百八十度大转弯，同意参加关于《京都议定书》后续协议的谈判，即“巴厘路线图”。令世界震惊的是，美国总统乔治·布什（George W. Bush），美国历史上对环境问题最抵制和敌意的总统之一，居然同意遵守旨在2009年年底前加入《京都议定书》进程的“巴厘路线图”。这是具有历史意义的一刻，也许是误解，但却是充满希望的改变。时间会证明一切。

为了解决气候变化问题，巴厘会议和“巴厘路线图”启动了新的为期两年的谈判进程。就像1996年为《京都议定书》诞生铺路的《柏林授权书》，“巴厘路线图”也是一个“为了达成协议的协议”。它确保国际社会开始启动为期两年多的谈判，最终形成《京都议定书》的后续协议。这个过程将在2009年年底于哥本哈根召开的第15次缔约方会议上结束。

《京都议定书》的将来从来没有像现在这样不确定。在2008年4月召开的曼谷会议上，当讨论到第112页的时候，欧盟开始向标志着“巴厘路线图”开端的谈判发难。巴厘进程的失败很可能会终结《京都议定书》。这凸显出《京都议定书》未来的不确定性。

谈判才刚刚开始就被叫停了。实际上，气候谈判的核心就是帮助贫穷国家走上一条清洁的工业化之路。但是，气候谈判的气氛很不利。我们面临的冲突很明显：这又是一次发生于富裕国家与贫穷国家之间的冲突。但是，我认为这次冲突的发生主要是因为双方对《京都议定书》能取得什么成就和怎么取得这些成就缺乏了解。事实上，《京都议定书》可以将双方的利益统一起来。

在巴厘召开的第13次缔约方会议的规模比以往任何一次会议都大。非政府组织（NGO）的代表占据了多数。在所有会场上，环境学专家们大多展示了预示人类不祥未来的证据，并为《京都议定书》提供了好的预兆。IPCC前主席罗伯特·沃森（Robert Watson）博士参加了会议。哈佛大学罗伯特·斯蒂文斯（Robere Stavins）教授也参加了会议，他组织并参加了题为“2012年以后的《京都议定书》”的分会场会议，这个分会的主题与我在巴厘会议上的发言相同。会上，罗伯特·斯蒂文斯教授引导参会代表们就今后该怎么对待《京都议定书》问题展开讨论，但他个人并没有发表意见。在观众提问环节，我问他认为我们应该怎么做，他并没有做出正面回答。

5.1.1 关于后《京都议定书》时代的新建议

在这种情况下，我同哥伦比亚大学的彼得·爱森博格（Peter Eisenberger）教授以及《联合国气候变化框架公约》的埃尔南·卡利诺（Hernan Carlino）教授一起在一个座谈会上提出了我的设想。这个座谈会没有被广泛地宣传，也没有多少人参加，但是，参会者都很敏锐和热情。所有发言都被正式记录下来，以备后人查阅。我们的发言为后2012《京都议定书》体制提出了一个设想，该设想由两部分组成：第一部分是关于一种新型的“负碳”技术，我们建议它应该作为《京都议定书》CDM的一个组成部分。我们认为，从空气中捕捉碳的技术应该能及时阻止全球变暖，并能够帮助贫穷国家，使它们能够捕捉比它们排放的更多的碳，从而可以获取《京都议定书》中的碳信用。第二部分是关于建立在碳交易市场基础上的全球金融体系，它能够打破中美两国的僵局①。

这两部分设想能够解决贫穷国家和富裕国家之间冲突的核心问题，也能够排除今天《京都议定书》所面临的主要障碍。然而，我们正在同时间赛跑。国际层面上的进展十分缓慢，我们也许没有足够的时间去实现这一目标。

我们提出的技术能够在发电的同时减少大气中的碳。它使用同一能量完

① 齐切尔尼斯基在以下场合提出了这一建议：2007年12月13日在巴厘缔约方会议上；2007年10月在国际货币基金组织；2008年5月在由众议员迈克尔·本田（Michael Honda）主持的于美国国会大厦举行的美国国会两院联合新闻发布会上，此次会议得到了美国参议院7名议员的参与和支持；2008年11月在澳大利亚维多利亚的澳大利亚国会上；2009年3月31日在美国国会大厦举行的“关于可持续能源与环境核心小组会议”上，美国众议院42名议员参加了此次会议；2009年4月27~29日在日内瓦举行的联合国贸易与发展组织专家组会议上，主题是“基于CDM的贸易与投资的机遇和挑战”。

成两个过程，所以它将减排和发电结合起来。这种非同寻常的技术可以大幅度减少大气中的碳，这符合 IPCC 的目标，同时，它还能提高世界能源产量。对于很多人来说，一举两得——既能生产更多的能源还能减少碳，看起来是不可能的。它看起来太完美了，以至于很难让人相信它的真实性。然而，事实就是如此，自 1996 年开始应用的最新一代的试验技术——碳固存技术（Carbon Capture and Sequestration，CCS），最近成为欧盟麦肯锡公司（Mckinsey & Company）报告的主题[①]。它的应用前景非常广阔。

CCS 技术在石油工业中的应用已经有 13 年的历史了。石油工业在生产过程中使用 CCS 技术将碳“清洗”出来，然后注入石油矿层，以促进石油资源的恢复。运用该项技术，30% ~40% 的碳被清洗出来[②]。以下地区已经成功使用 CCS 技术许多年了，而且每个地区每年捕捉的二氧化碳达 100 万吨：挪威的斯雷普纳（Sleipner；海上油田）1996 年开始使用；加拿大的威伯恩（Weyburn）2000 年开始使用；阿尔及利亚的萨拉（Salah）2004 年开始使用；挪威的斯诺赫维特（Snohvit）2008 年开始使用。通过这种传统的 CCS 技术我们能够获取的最佳效果就是“碳中和”，即所谓清除工厂排放的全部二氧化碳，仅此而已。然而，我们提出了一种不同的途径——新一代 CCS 技术，即“负碳”技术，而不是“碳中和”，它直接从大气中吸收碳。美国物理学会（American Physics Society，APS）正在撰写一份关于这项新技术的报告[③]。这项“负碳”技术与“碳中和”明显不同，也比“碳中和”更有效，因为它确实可以在发电的过程中减少大气中的二氧化碳。

这项新技术的特征震惊了很多人，埃尔南·卡利诺（Hernan Carlino）认为有必要把它拿到巴厘缔约方会议上与《京都议定书》的将来问题一起讨论。一年前，即 2006 年的 8 月，我们曾在阿根廷的布宜诺斯艾利斯（Buenos Aires）讨论过该项技术，当时我在那里做了几场演讲，并游览了帕塔贡尼亚（Patagonia）的奇观——鲸和巨型冰川（现已融化）。我们当时决定，“负碳”技术可以通过《京都议定书》CDM 的清洁能源投资发挥作用。

---

① 见参考文献 Campbell（2008）。

② 与运用 CCS 技术以“碳中和”方式发电的“清洁煤”建议相联系（见 www.nma.org/ccs/aboutccs.asp）。参见美国能源部关于正在执行项目的信息。

③ 见参考文献 Chichilnisky，Heal（2007，2009）；Jones（2008，2009）；Chichilnisky（2008a）；Cohen，Change，Chichilnisky，Eisenberger P.，Eisenberger N.（2008）。

为此，我们只需要对CDM进行修改，使其接受“负碳”技术。这项技术非常适合二氧化碳排放较少的非洲和拉丁美洲的发展中国家，因为“负碳”技术允许它们捕捉比它们排放的多得多的二氧化碳。通过这种方式，这些国家可以在碳交易市场上出售大量的碳信用。例如，非洲目前的碳排放量只占世界碳排放总量的3%，在现行的CDM实践中，它能减排的数量很少，因而也只能出售很少的碳信用。正是由于这个原因，目前CDM的大部分清洁能源项目投资（至今超过230亿美元）都流向了排放量较大的发展中国家，如中国。运用“负碳”技术，如从空气中捕捉碳和藻类碳捕捉等，非洲能够捕捉世界碳排放的20%，尽管它只排放了3%。捕捉的碳可以在碳交易市场上出售，在给非洲带来商业利益的同时，也降低了地球大气中碳的浓度。此外，如果“负碳”技术通过上述发电与碳捕捉的联合能够增加非洲的能源产量，那么，对于非洲乃至世界来说则实现了多赢：非洲可以建立更多的电厂，在碳交易市场上出售更多的碳信用，从而加快非洲的发展；世界其他地区则从降低大气中碳的含量和向非洲出口建设发电与碳捕捉联合工厂的新技术中受益。这是完全可能的，如果以目前每年的CDM投资为150亿美元计算的话，CDM可是给发展中国家做了大好事。这种由“负碳”技术项目生产的廉价清洁能源会使非洲和拉丁美洲获得前所未有的发展。有了能源，就有了发展。相互地，通过使《京都议定书》的目标更容易实现，这项技术使《京都议定书》的目标更为现实，因此，为《京都议定书》提供支持使其延续下去。它是一个能够实现双赢的途径。

我在巴厘会议上提出的设想的第二部分要比第一部分更大胆，它切中了一直阻碍着气候谈判中贫穷国家与富裕国家之间冲突的要害。第二部分设想为后2012《京都议定书》提出了一个全新的全球金融体系，它建立在我20世纪90年代初提出的并于1997年正式成为《京都议定书》中一个组成部分的碳交易市场的基础之上。这一新的金融体系主要是为了打破中美僵局而设计。基于所有的意图和目的，该体系将使为中国和其他发展中国家规定排放限制而又不违背《联合国气候变化框架公约》第四条的规定成为可能。它既为美国提供了保证，同时也为中国的减碳提供了补偿。我所提出的金融体系几乎复制了《联合国气候变化框架公约》第四条中所有的金融条款（见第49页）。我曾于2007年8月和10月两次向位于华盛顿的国际货币基金组织（International Monetary Fund）提出这一设想，每一次都收到了非常好的反响，甚至是震惊。2007 年 12 月我在巴厘缔约方会议上的正式发言同样收获了大家极大的兴趣与惊奇。

再过几个月，埃尔南·卡利诺（Hernan Carlino）将离开 CDM 委员会（CDM Committee）。然而，讨论仍在继续。2008 年 11 月 12 日，在由迈克尔·克拉奇菲尔德（Michael Crutchfield）议员组织的一次座谈会上，我向设在维多利亚（Victoria）的澳大利亚国会和澳大利亚的商界精英们发表了我的设想，收到了非常热烈的响应。为此，我又被邀请与澳大利亚环境部长加文·詹宁斯（Gavin Jennings）、第一产业部及其副秘书长戴尔·西摩（Dale Seymour）一道参加另一场座谈会，该座谈会的宗旨是在世界上最大的褐煤储藏地吉普斯兰·维多利亚（Gypsland Victoria）创建一座“负碳”技术的示范工厂。

5.2 “怎么是你，布鲁斯?”[①]

谈判过程漫长而艰难，而且，只有事后才能清楚地看到某一特定事件是失败了还是成功了。“巴厘路线图”规定的谈判过程将贯穿整个 2009 年，只有到了 2009 年 11 ~ 12 月我们才能知道它的结果。但是，它还有巨大的障碍需要克服。

《京都议定书》是实现《联合国气候变化框架公约》建立全球低碳经济目标——在不破坏生态限制的前提下满足人类基本需要的十分关键的第一步。然而，尽管如此，《京都议定书》在它刚刚正式生效几年后就要被扼杀在摇篮之中。但是，这一次的威胁却来自于最不可能成为反对者的一方。欧盟最近的提议，不仅破坏了《京都议定书》已经取得的成就，甚至威胁到它将来的作用。日本表示支持欧盟的立场。在这之前，欧盟和日本一直都是全球气候谈判的铁杆支持者，那么，它们为什么突然变卦了?

---

① 原文为“Et tu Brute?”，它是一句拉丁语名言，后人普遍认为是罗马帝国晚期执政官、独裁者盖厄斯·儒略·凯撒（Gaius Julius Caesar）临死前所说的最后一句话。中文一般译作“还有你吗，布鲁斯?”或者“你也有份，布鲁斯?”。这句话被广泛用于西方文学作品中关于背叛的概括描写。——译者注。

挑战仍然来自发展中国家和发达国家之间的冲突，但却以一种新的形式出现。2008年4月，欧洲谈判代表参加了在曼谷召开的联合国气候大会。会上，他们警告发展中国家的代表：如果他们再看到有欧盟国家的投资流向CDM项目的话，他们就要提高应对气候变化挑战的强度。这句话看起来是合理的，我们都要提高应对气候变化挑战的强度。但是，这句话背后的本质却是非常错误的，也是令人震惊的。欧盟的提议颠覆了一项能够非常有效应对气候变化挑战的政策。

欧盟的提议是要给流向CDM的投资设定上限，而这些投资不仅能够给工业国家带来商业利益，也能够给发展中国家带来清洁技术。从一些将来可能成为世界上最大的排放国家开始，这些投资正在为全世界拥有一个低排放的未来奠定基础。如果限制CDM的建议得以实现，欧盟就成功地为未来的减排大厦撤掉了一根重要的支柱。

欧盟在曼谷会议上的提议反映了国际社会对《京都议定书》试图取得和事实上已经取得的成就存在误解。欧盟的意图是要加快欧洲本土上的减排进程，并认为应该给发展中国家更多的激励，让它们采取行动，而不是坐享其成，眼睁睁地看着投资流入[①]。但是，流向发展中国家清洁技术投资的增加是到目前为止CDM所取得的重要成就。CDM的宗旨绝不仅仅是向发展中国家转移投资，尽管这被认为是它的一个非常有价值的目标。CDM的宗旨是要在贫穷国家建立一些它们求之不得且有价值的项目，从而使它们走上一条新型的清洁发展之路。CDM力图促使发展中国家步入一条全世界迫切需要的新型的工业化道路。

人们日益认识到，在新兴经济体的碳排放量日益增加的情况下，对气候变化负有主要责任的工业化国家在解决气候危机过程中并没有充分发挥作用。但是，对此问题，欧盟委员会却做出了反常的反应，他们提出了一系列削减CDM项目的政策建议。而CDM是在《京都议定书》框架下唯一能够促进发展中国家减少碳排放的机制。欧盟的建议实质上是，如果不能达成新的气候协议，在2020年以前会将CDM投资限制在现有水平上。欧盟委员会的官员们指出，如果在哥本哈根会议上能够达成一个协议，将允许适当扩大

① 见参考文献Tollefson（2008）。

CDM 投资，尽管对实际影响的估计各有不同。

但是，抛开战略失误和误解方面的原因，欧盟委员会确实切中了 CDM 的要害。CDM 计划确实需要改革。的确，如果不改革或在改革之前，它也许就不是解决众多问题的正确模式，而这通过适当的调整就可以实现。例如，目前开发者要求为其在中国建立的水电站和风电场，还有最近的天然气发电厂，取得新的 CDM 碳信用。如果 60% 的 CDM 项目资金都用来改变中国的能源结构，而仅仅因为世界上最贫穷的国家的排放量太少、不能实现明显的减排而将其都排除在外，那么，CDM 计划也有些有悖常理。

正如前面所讨论的，必须对 CDM 项目进行认真的监控，以保证补偿所代表的是在正常基线以上的可核定的减排量。这个监控任务是由《京都议定书》CDM 鉴定委员会来承担，但它是一个官僚机构，需要精简，以适应一些贫穷的小国的需要，如玻利维亚和蒙古，这些国家由于缺乏投资银行知识，在 CDM 项目的竞争中处于不利地位。

尽管 CDM 的这些问题很突出，但是，这些问题是可以得到解决的，欧盟新建议的逻辑是错误的。它催生了两个奇怪的联盟——世界上最贫穷的国家联盟和富裕国家的企业联盟。贫穷国家担心这个建议会使 2005 年才开始稳定流向贫穷国家的清洁技术投资消失，而富裕国家的企业却担心这个建议会使现值为 500 亿美元的碳补偿产业（carbon-offset industry）限入困境[①]。"欧盟给 CDM 项目投资设定上限的建议，正如当前所设计的，不会促进任何人去设计新的（清洁技术）项目。进而，碳交易市场也会被扼杀。"企业利益的代言人——总部设在瑞士日内瓦的国际排放贸易协会（International Emissions Trading Association）的欧洲政策协调员（European Policy Coordinator）麦克拉·贝尔塔基（Michaela Beltracchi）如是说[②]。

欧洲国家还没有为将来的"碳中和"做好准备。它们也许不能实现它们所承诺的《京都议定书》目标。如意大利，登记的排放量增长了 13%，而它的排放上限应该是 6.5%[③]。但这不是 CDM 的过错。一个众所周知的问题是，作为内部"总量控制和交易"的一部分，欧盟为其碳排放设定的上

① 见参考文献 World Bank（2006 - 2007）。

② 见参考文献 Tollefson（2008）。

③ BBC 新闻——"关于欧盟气候计划的艰苦谈判"，2008 - 10 - 20。

限过于宽松。这降低了欧盟碳交易市场上碳许可的交易价格，从而不能为在欧盟本土的减碳产业投资提供激励。它们的经历被喻为“总量控制和交易”中的反面教材。美国国内正形成一种共识，即碳排放许可必须出售，或许以公开拍卖的形式出售给排放者。这不仅公平，而且有效率。但是，在美国，碳交易市场和CDM也正面临着政治压力。这些政治压力也会像在欧洲一样流行吗?

5.3 当前与未来

当前的争论主要来自两种完全对立的观点。一种观点代表过去；另一种观点代表未来。《京都议定书》的拥护者代表未来，而且一直受到批评，被指责说碳交易市场并没有真正地减少碳排放，只是向发展中国家转移财富而已。批评者认为，CDM的大部分减排项目还在建设中，因此，它们并不代表正常基线以上的额外减排。沿着同样的思路，批评者们认为，CDM并没有预期的那么可信，我们必须认真对待这些问题①。

目前，欧盟特别关心的问题是欧洲本身需要更多的技术创新，在其他地区投资进行碳补偿不利于欧盟的技术创新。欧盟需要解决这个问题。其他人则认为，给CDM投资设置上限不利于气候谈判。他们指出，CDM可以继续进行下去，它在中国甚至没有受到关注②。虽然中国获得的项目占CDM项目总数的60%，但它在中国的经济增长中所占的比重还不到1%。

令人惊讶的是，企业界正努力保护和扩大CDM投资。这正好发生在今年欧盟委员会缩减CDM投资的建议递交给欧洲议会的时候。其中的一个建议是维持欧洲总体的排放上限，降低所有国家的排放上限。这能在允许CDM投资增加的同时，确保开发新技术的投资发生在本土上。

与欧盟的碳交易市场相比，美国的碳交易市场还很弱小，所以另一个较

---

① 引自欧盟委员会负责气候变化问题的亚瑟·润格梅茨格（Arthur Runge - Metzger）：“欧盟委员会需要鼓励新技术，因为资助在其他地方的抵销不能解决问题”，被Tollefson（2008）引用。资助在其他地方（在发展中国家）的抵销是CDM的宗旨。

② 位于都柏林的欧盟生态安全部碳抵销监管事务的负责人米尔斯·奥斯汀（Miles Austin）。

大的问题就是美国应如何参与国际碳信用交易。美国参议院关于气候问题的重要会议都强调，要把国际抵销限制在市场交易总额的15%以内。批评者们指出，美国的立法允许其他国家在没有美国监督的情况下“清洗”国际信用，所以美国在重要的国际争论中很少或根本没有影响。

但是，美国自己也卷入了另一场主要的全球冲突中：富裕国家同贫穷国家之间的资源竞争，如美国与中国之间的竞争。这个冲突就是美国不合作的原因，即为什么美国拒绝批准《京都议定书》，为什么提出如果中国不接受排放限制它就不加入碳交易市场。《京都议定书》未来的不确定性主要来自当前这个真正戏剧化的中美冲突。这是最高级别的全球政治学。竞争正在新旧两个超级大国之间展开。其实，它属于最古老的竞争类型，世界气候问题只是一个导火索。

这个问题现在是一个规模最大的全球地缘政治学问题。它是21世纪的新型地缘政治学问题。富裕国家与贫穷国家之间不再像冷战时期那样在核力量领域展开竞争，尽管核力量的威慑力依然存在。现在，它们为了获得自然资源而竞争，在全球气候变化的背景下，它们在为大气这种公共物品的使用权而竞争。

然而，世界各国还面临一个可怕的共同的风险——全球气候变暖。将它与核威胁相提并论一点不为过。核威胁使我们团结起来，准确地说是因为核威胁是如此强大的、潜在的灾难；还因为物种的生存可能面临危机。这是在全球变暖乌云之下一线意外的曙光——全球变暖问题能够使人类空前团结起来。

有史以来，人类第一次真正站在了同一条船上。也是有史以来第一次贫穷国家对富裕国家的生活水平甚至是生存产生了影响。非常简单，非洲国家仅仅用它们自己的煤炭和石油等能源发展经济，就会给美国带来数万亿美元的损失。OECD的报告显示，如果非洲国家仅通过燃烧它们自己的煤炭和石油，就可以导致海平面迅速上升，从而使迈阿密蒙受3.5万亿美元的财产损失[①]。迄今为止，美国人还只是关心非洲居民的生活水平，对非洲国家如何发展经济的问题并无直接兴趣。我们可以说，这是有史以来第一次非洲国家

① 见参考文献OECD（2007）。

有能力大幅度地降低美国人的生活水平。这听起来很糟糕。但事实恰好相反。目前，在非洲各国的清洁发展过程中，美国可以获得实实在在的利益。在拉丁美洲的清洁发展过程中也是如此。总体上看，非洲和拉丁美洲是美国大部分化石燃料和自然资源进口的来源地。风险总是与机遇并存。

5.4 富裕国家和贫穷国家：谁更应该减排？

众所周知，开启未来之门的钥匙掌握在发展中国家的手中。随着工业化的推进，它们会成为世界上最大的排放者。目前，它们的排放量仅占世界排放总量的40%，但是，在今后的20年或30年的时间里，世界排放总量的大多数将来自它们。为了避免这个问题的产生，它们需要走一条清洁的工业化道路，而不是像我们今天所看到的，在世界每周建造的两座火电站中就有一座是中国建造的①。

问题是怎么能保证今天的贫穷国家会有一个清洁的未来。被广泛讨论的一种途径是能否给发展中国家的排放设置上限。这是1992年《联合国气候变化框架公约》第四条明令禁止的：除非发展中国家得到补偿，否则，它们不会被要求承担减排义务。这是一个颇具争议的问题，它甚至可以被称为国际气候争端中的“第三轨”②。如果这个问题在必须解决它的哥本哈根会议上还得不到解决，气候谈判就会终止，那么，在2012年《京都议定书》过期之后，国际社会将没有任何协议可供遵循。美国已经明确表示，它将不接受对它的温室气体排放限制，除非中国也接受同样的限制。然而，现在欧盟也加入了要求给发展中国家设定排放上限的队伍之中。欧盟最近宣称，发展中国家应该将排放上限控制在当前正常排放的15%～30%③。

哥本哈根会议应该做出什么重要决定才能拯救《京都议定书》？首先，

① 见参考文献“Coal Power Still Powerful”，The Economist，2007-11-15。

② “第三轨”的英文原文是“the third rail”，是指政治上极具争议的问题。此短语源于铁路上的第三轨，即供电轨，因其承载高电压，如不慎接触，将触电甚至丧命。故触及“第三轨”问题又有“政治自杀”之说。任何政治人物如触碰这类问题，将不可避免地付出政治上的昂贵代价。——译者注。

③ 见参考文献 Buckley（2008）。

各国必须同意降低全球的排放上限。《京都议定书》要求各国在 1990 年排放水平的基础上平均减排 5.2%。迄今为止还不包括美国，所以《京都议定书》仅涉及工业化国家排放的一部分。这是一个好的开始，但这还远远不够。《京都议定书》自身不能彻底解决气候变暖问题。因此，还需要第一承诺期后的进一步减排。为了避免气候灾难，IPCC 力荐未来 20～30 年间减排 80% 的目标。国际社会理解更低的排放上限的要求，但却在如何实现方面存在分歧。我们应该提高对发达国家的排放限制吗？我们应该给发展中国家强加一个排放上限吗？

5.4.1 气候行动的热身

有一件事情是清楚的：没有美国的参加，我们不可能达到排放的最低水平。在这方面，事情还不至于像以前那么糟糕。美国是世界上最大的排放者，大约世界总排放量的 25% 来自美国，并且美国一直是《京都议定书》的强烈反对者。然而，事情正在发生变化：数百座美国城镇已经签署了请愿书，要求华盛顿联邦政府批准《京都议定书》，并且加入碳交易市场。2007 年，美国最高法院（The Supreme Court）同意，美国 1963 年通过的《清洁空气法》（Clean Air Act）赋予联邦政府规范和限制温室气体排放的权力。

由于美国在 2001 年放弃了《京都议定书》，其气候政策在联邦层面进展缓慢，但在州和地方等区域层面却取得了实质性进展。由 10 个东北和大西洋中部州联合推出的《区域温室气体行动计划》（The Regional Greenhouse Gas Initiative，RGGI）提出了到 2018 年将能源部门的碳排放控制在 10% 的强制减排目标。这是美国第一个强制性的、以市场为基础减少温室气体排放的协议。在该计划的框架下，排放许可将被拍卖，所得收入将被用于提高能源效率、可再生能源和其他清洁技术项目的投资。由美国西部 7 个州和加拿大 4 个省共同组成的《西部气候倡议》（The Western Climate Initiative），正在致力于制定它们自己的区域“总量控制与交易计划”。这两个区域计划允许美国的一些州加入碳交易市场。此外，第一个联邦气候政策倡议——《利伯曼华纳气候安全法案》（The Lieberman Warner Climate Security Act）2008 年春天被递交给了美国国会。它也是以“总量控制与交易”为基础的减排系统，尽管它被指超越了共和党和民主党的界限，但它为进一步的气候政策协商奠定了基础。

巴拉克·奥巴马（Barack Obama）总统认识到了气候危机的严重性，因此，号召全国采取应对气候变化的行动。他特别强调，他支持美国重返《京都议定书》。美国全国的环境组织也在敦促全国的“总量控制与交易”计划，并希望美国能批准《京都议定书》。

美国创新资本的源泉——企业界也正热衷于气候政策。硅谷风险投资公司（Silicon Valley Venture Capital）正准备将其风险投资的18%投向清洁能源项目，而且它相信，当美国批准《京都议定书》时（或如果美国批准《京都议定书》），这方面的风险投资将会迅速增加。目前，摩根大通银行（JP Morgan Chase）等主要投资银行的分析家们已经采用碳足迹评估公司的风险承担能力。企业界也认识到，美国的汽车产业正在阻碍它们很好地运用碳交易市场的“价格信号”，而这些“价格信号”恰好能够帮助它们在其他地区建立低碳的汽车厂。因此，丰田（Toyota）第一次取代了通用（GM）成为世界上最大的汽车制造商，美国整个汽车产业正面临危机。

在运用市场手段减排方面，美国目前的态度看起来比1997年还坚定。澳大利亚曾与美国一道坚决反对《京都议定书》，最近彻底改变了立场。2007年，它批准了《京都议定书》，此后同意到2010年建成本国国内的碳交易市场①。

上述分析表明，更大的灵活性和全球碳交易市场的进一步发展是美国重返《京都议定书》的前提条件。同时，美国为了保护它的企业，将可能要求对发展中国家的排放设定上限，尤其是中国和印度，从而使美国的企业不会因为排放标准不同而处于不公平的竞争环境之中。这将成为谈判代表们在哥本哈根会议上必须克服的最大障碍。

中国是受《联合国气候变化框架公约》第四条保护的发展中国家，它可以不接受排放限制，除非它的减排得到补偿。我再一次强调，CDM是解决这个问题的途径，因为在CDM框架下，中国的减排可以得到《联合国气候变化框架公约》所要求的补偿。这是解决这一问题的希望所在。

---

① 2008年12月12日，齐切尔尼斯基在澳大利亚墨尔本向澳大利亚国会议员发表“关于碳交易市场的商业利益”的演讲。

5.4.2 问题是要不要设置上限

富裕国家针对贫穷国家的政策对于气候谈判至关重要。它是将富裕国家的企业利益同贫穷国家的清洁发展统一起来的 CDM 的基础。这一南北方利益共同体以及发展中国家的重要作用早在 1992 年的《联合国气候变化框架公约》中就已经确定了。实际上，是记录在第四条中。其想法是，在一段时间内，发展中国家为了发展经济和摆脱贫困可以增加排放。联合国发展报告指出，世界上还有 50% 以上的人口每天的收入在 2 美元以下，其中有 14 亿人口仍然挣扎在温饱线上，每天的收入还不足 1.25 美元[①]。发展中国家出口大量的化石燃料供世界消费，它们既没有消耗很多的化石燃料，也没有排放很多的二氧化碳。非洲和拉丁美洲是世界上主要的资源出口地区。它们出口资源的价格如此之低，以至于人民一直陷于贫困之中，同时也使富裕国家“上瘾”依赖它们的化石燃料和其他资源。

贫穷国家几乎根本没有消费多少能源。因此，它们只排放了很少的二氧化碳，约占世界碳排放总量的 40%。这些国家不是全球变暖问题的罪魁祸首，它们也解决不了全球变暖问题。而且，实际上，贫穷国家是全球气候危机的主要受害者。地球上 80% 以上的人口生活在发展中国家，而全球变暖的最坏后果也将出现在那里：荒漠化、农业减产、供水中断和海平面上升带来的可怕灾难[②]。

因此，《京都议定书》从公平的角度赋予发展中国家无限制使用大气公共物品的权力是合理的。但是，1997 年做出这样的让步要比现在容易得多。过去，发展中国家的能源消费和碳排放增长都很缓慢，所以减排的潜力有限。因为贫穷国家过去排放的不多，所以很明显发达国家不得不承担全球减排的负担。即使是现在，发展中国家也只排放了全球排放总量的 40%。但是，情况正在迅速发生变化。

好消息是，发展中国家正在发展，一些国家快于另外一些国家，尽管没有人能够保证这种增长会惠及到最贫穷的国家，但是依然在增长。坏消息

① 见参考文献 World Bank (2008)。

② 见参考文献 IPCC (2007)。

是，发展中国家在增长过程中消费了更多的能源。显然，能源利用与经济产出直接相关。一个国家的工业产量可以用能源消费量来衡量[①]。发展中国家碳排放的增速明显加快。发展中国家碳排放的增速高于包括美国在内的所有国家的平均增速。据估计，2004～2030年美国的二氧化碳排放将以年平均1.1%的速度递增，而发展中国家的碳排放的年增长速度为2.6%[②]。结果是，发展中国家在全球碳排放总量中的份额将迅速提高。中国很快就会超过美国，成为世界上最大的碳排放国。这些很有说服力的证据表明，有必要给发展中国家的排放增长设定上限。

但是，也有同样有说服力的观点认为，不应该给低收入国家的排放设定上限。当前，全球的收入不平等正处于人类有史以来最严重的时期。国家间的收入不平等程度远大于一个国家内部的不平等程度，如巴西、南非和美国，这些都是收入不平等程度很高的国家。占世界总人口5%的收入最高的人口获得了世界1/3的收入。收入最高的10%人口的收入占世界总收入的1/2。世界上最富有的5%人口与最贫穷的5%人口之间的平均收入比为165∶1。约70%的全球不平等可以由国家间的平均收入差距来解释[③]。这意味着，要解决国家间的不平等问题，必须提高最贫穷国家的收入。在碳约束的背景下，这很难做到，除非我们能够处理好两件事情：一是，在我们开发和转移可再生的清洁能源技术和更高的能源效率之前，至少在短期内允许发展中国家增加它们的能源消费量与碳排放量；二是，我们必须最大限度地减少发达国家的排放量。

5.4.3 中国怎么办？

在过去的20年里，中国实施了一系列能源政策改革，旨在提高能源效率和保护能源资源。1997～2000年，中国在经济增长15%的情况下，碳排放减少了19%[④]。中国大规模的减排措施带来了相当于美国整个运输部门的

---

① 见参考文献 Chichilnisky（2009a）。

② 见美国能源信息署（Energy Information Agency，EIA）网站，http：//www.eia.doe.gov/environment.html

③ 见参考文献 Milanovic（2006）。

④ 见参考文献 Baumert，Kete（2002）。

减排数量[①]。但是，中国不是唯一一个自愿大幅度减少或减缓碳排放的国家。例如，印度尼西亚和中国都正在逐步减少对化石燃料的补贴。中国、墨西哥、泰国和菲律宾都提出了开发可再生能源和提高能源效率的国家目标。阿根廷和印度的汽车及公共交通工具正在向燃气方向转换[②]。哥斯达黎加政府最近宣布了在今后10~15年的时间里在全国范围内实现“碳中和”的目标。

相比之下，美国的排放量在持续增加。美国旨在减少温室气体排放的各种倡议主要属于自愿性质，目前在全国范围内还没有得到很好的协调。大部分美国的客车还不能在中国行驶，因为中国的燃油效率标准较高。在世界上最富有的工业国家都不愿意减排的情况下，寄希望于发展中国家限制它们的温室气体排放会是多么困难。

但是，与此同时，最近来自中国的一些消息值得注意。尽管中国一再表示它的人均排放量远低于富裕国家的人均排放量，但是，中国科学院当前的研究报告表明，中国总的排放量将以惊人的速度增长，并迅速超过世界上的所有国家，包括美国[③]。这个消息将增加中国在即将举行的下一轮哥本哈根气候谈判中接受排放限制的压力。这也说明了中国正在面临应对任何排放目标的巨大挑战。认识到给中国设定排放上限的必要性还只是第一步，真正实施将非常困难。但是，证明中国有能力将其排放控制在一定的范围之内会更困难。这也是碳交易市场能够发挥作用的地方，它可以引导减排投资流向世界上最需要它的地方——中国。

自从气候谈判开始以来，当前的中美冲突一直阻碍着谈判的顺利进行。总的来说，富裕国家和贫穷国家之间的冲突是《京都议定书》未来不确定性的原因。为什么呢？

全球气候谈判迫切需要解决的基本问题是，目前和将来谁有权使用世界的资源，是富裕国家，还是贫穷国家。我们知道了过去是谁使用了资源，是富裕国家，知道它们是如何实现工业化的。发展中国家有理由认为，富裕国家正不断地踢开它们曾用来爬上工业化顶峰的梯子，以阻止另外80%的国家加入它们富人的俱乐部中。此外，发展中国家认为，它们是在被要求去解

---

① 见参考文献 Zhang（1999）。

② 见参考文献 Biagini（2000）。

③ 见参考文献 Buckley（2008）。

决由工业国家所造成的问题，而在过去这些工业国家以非常低廉的价格从它们的国家购买了大量的自然资源，从而实现了工业化。

贫穷国家如何才能在不危及我们所有人未来的情况下寻求经济发展？我们需要鼓励和帮助发展中国家走上一条比富裕国家在工业化过程中所走过的更绿色、更低碳的通向繁荣的道路。总之，我们需要保护和扩大《京都议定书》框架下的碳交易市场，因为它为实现新型的清洁工业化提供了一种市场手段。

必须认真管理全球碳交易市场，以确保一个恰当的全球总排放额度及透明的排放权交易。一旦做到了这些，不用给发展中国家规定排放上限，也可以促进发展中国家减少排放。碳交易市场有效地给发展中国家的碳排放标上了价格，发展中国家针对价格始终拥有选择不支付的灵活性，但是要付出成本。

没有排放上限，发展中国家可以不受限制地排放温室气体，但是，它们能够从限制排放和通过 CDM 出售碳信用中获益更多。实际上，这意味着发展中国家一直在为它们的排放标价。它们所排放的每 1 吨温室气体，都表示它们可以减少这一吨温室气体，并以当时世界碳交易市场上的价格出售这一吨温室气体，所获得的收益就是它们当时排放 1 吨温室气体的价格。经济学家们给这种现象一个特殊的名字——机会成本。排放的机会成本，即减少这部分排放并将获得的碳信用出售给工业化国家所得的收益，这本身就是对不排放的最好激励。

这是一种全新的激励机制，它与《京都议定书》产生之前各国采用的激励机制明显不同，那个时候，所有排放都是没有价格的，也无法计算，因此，不能作为决策的依据。总之，感谢 CDM，它为发展中国家减排提供了激励机制，即使是在没有为它们规定排放上限的情况下。

然而，我们还没有充分利用《京都议定书》的有效机制——CDM。通过 CDM 购买减排信用的需求还很少，CDM 的潜力还远未得到充分发挥。碳交易市场还刚刚起步，市场交易的学习曲线还很陡峭。建立一个新 CDM 项目的成本仍然很高，应有所降低。目前，CDM 项目尤其是最大项目的资金成本和技术成本都非常高。减少 CDM 项目审批的时间与成本可以解决部分问题。但是，只要欧盟通过让发达国家在本土内实现其减排承诺来限制使用

CDM，对发展中国家碳信用的需求乃至发展中国家从碳信用中获取的收入都会低于预期。

我们可以通过给发达国家增加更多的排放限制来扩大对 CDM 的需求并促进其技术和资本向发展中国家转移。一定程度上，扩大全球碳交易市场可以为发达国家提供更大的灵活性、更低成本的技术转移和更多的能源促进发展，这样也更容易说服工业化国家未来接受更低的排放上限。

碳交易市场曾经通过提供贫穷国家与富裕国家之间的利益整合机制挽救了《京都议定书》，在 2009 年的哥本哈根会议上碳交易市场能不能再次挽救《京都议定书》？前面述及的“负碳”技术和新的金融机制可能会拯救那一天，但是，我们仍然在和时间赛跑。

5.4.4 南—北关系：一个不确定的未来

最近几年，国际贸易，尤其是富裕国家与贫穷国家之间的贸易，受到了特别的关注。许多人认为，国际贸易更有利于富裕国家，而不是贫穷国家。为什么我们自信地认为碳交易市场会有所不同？

贸易通常被认为会促进经济增长。一个国家的经济增长可以用它的国内生产总值（Gross Domestic Product，GDP）来表示，即用给定年份该国生产的所有产品和服务的市场价值来衡量。增长导致更多的资源消耗和使用更多的大气。然而，GDP 没有计算生产和消费的全部负面影响。例如，因排放而日益增强的气候风险就没有在化石燃料的价格或者利用化石燃料生产的产品和服务的价格中得到反映。目前，清除环境灾难的支出，如清理漏油，对 GDP 具有正的贡献，因为它创造了对与减轻灾难相关的产品和服务的需求。正是由于这些原因以及其他一些原因，人们普遍认为，GDP 不是衡量一个经济体的财富和可持续性或者其经济所能够支持的居民福利的最好指标。碳交易市场创造的价格可以解决这个问题。

一个值得讨论的问题是，市场总是与我们今天所面临的环境问题相联系，那么，交易排放权的市场是怎么有利于环境的呢？市场手段怎么能解决市场问题呢？我们必须重新思考我们的假设：环境与市场不总是对立的。

GDP 增长既不是全球的敌人，也不是表示经济成就的最好指标。联合国认识到了这一点，并正在修改经济增长的衡量方法和国民经济核算体系。21 世纪初，联合国千年目标计划（Millennium Goals Programme）开始跟踪研究全世界基本需要的满意程度，并进一步认识到，除 GDP 以外，我们还需要其他衡量发展的方法。

GDP 增长不是发展的同义词，尤其是在强调环境问题的背景下。但是，贫穷却往往与环境退化密切相关，这可能要归因于对构建国家比较优势的错误解释。因为 GDP 和市场价格通常忽略了经济活动的环境成本，它发出了不正确的信号，告诉世界各国应该分工生产什么、在全球市场上交易什么。世界各国似乎是在提供它们能以较低的成本生产的产品，但这仅仅是因为市场价格忽略了生产这些产品的环境和社会成本。正是这些告诉世界各国在全球市场上应该分工生产什么的错误信号导致了资源的过度开采和贫穷。这是全球气候危机产生的关键原因。

我们用 GDP 衡量发展中国家的经济进步是非常有局限性的。之所以这样说，是因为发展中国家将它们的森林、水产资源、淡水供应或矿藏等自然资源看成是公共资源。作为公共资源，这些国家不能限制人们使用它们，从而不可避免地产生过度开发。资源使用的价格根本不能反映它们的潜在稀缺性及开采它们所造成的破坏，也不能反映以不可持续的方式从自然系统中获取它们所造成的生态服务或生态价值的损失。这就意味着发展中国家自然资源的价格过于低廉。这就给比较优势一个错误的解释，从而使贫穷国家处于出口自然资源的国际分工地位。正如齐切尔尼斯基在 1994 年所阐明的，这使北南双方的贸易模式发生了扭曲，即南方国家以非常低廉的价格向北方国家出口自然资源，从而形成世界范围内自然资源的过度消费①。

在过去的 40 年里，甚至当联合国在 1992 年的地球首脑会议上热衷于把基本需要作为可持续发展的核心宗旨时，世界经济却在相反的方向呈现增长的势头。这不幸又言中了资源贸易对贫困和世界资源的负面影响。今天，世界上还有 12 亿人挣扎在温饱线以下。结果是，世界自然资源的消费量在迅速增长，尤其是在发展中国家，同时，贫困也在不断增加。这两种结果都是由于过分强调基于 GDP 的不可持续的经济增长方式造成的，基于 GDP 的增

① 见参考文献 Chichilnisky（1994a）。

长方式通常会鼓励发展中国家以低于重置成本的价格加大自然资源的出口。

最近的一项实证研究结果表明，主要作为资源出口国的发展中国家实施贸易开放政策时，它们的GDP就会增长。该项研究还指出，贸易开放不可避免地扩大出口国的收入差距，破坏经济增长。早在1979年，贸易开放同收入差距及经济增长之间这种不可避免的关联关系就已经建立和被预测到了[①]。

事实证明，对于一个国家来说，最重要的是它出口什么[②]。出口原材料或者出口劳动密集型产品，都不能帮助一个国家摆脱贫困。出口资本密集型或技术密集型产品是与高水平发展相关联的，也是有利于一个国家的经济增长、财富积累和全面进步的贸易政策。拥有丰富的自然资源和低技术劳动力的贫穷国家分工生产原材料与劳动密集型产品；富裕国家则分工生产资本密集型或技术密集型产品。目前，各国的贸易模式——各国的分工是什么——注定会扩大全球的收入差距。全球碳交易市场能解决这个问题吗？答案是非常肯定的，这从下述分析中可以看到。

目前，我们已经看到了过去40年基于盲目扩大GDP、错误理解比较优势和夸大贸易的出口导向政策给出口国带来的后果：更严重的不平等和剥夺[③]。40年后，我们面临世界历史上最严重的环境问题和这个星球上最多的贫困人口，所有这些都是由于过度利用自然资源所致。

很清楚，我们必须停止这一切，我们必须纠正世界过度利用自然资源的问题，消除随之而来失控的贫困和社会退化。这两个问题是密切相关的。总体看来是我们没有正确认识正统经济理论、历史与现实之间的严重脱节。碳交易市场的价格机制可以纠正这个明显的错误。

5.5 贸易与环境——一个错误选择

传统的所谓经济发展与环境之间的取舍是不存在的。它是没有根据和完

---

① 见参考文献 Chichilnisky（1981）。

② 见参考文献 Chichilnisky（1981），Rodrick（2006）。

③ 见参考文献 Chichilnisky（1995）。

全错误的，破坏性也非常大——它描绘了一个错误的选择。我们应该重新思考贸易与环境问题，因为可持续的经济增长实际上是与可持续的贸易战略一致的。正确的贸易政策和正确的环境政策之间是相辅相成的。一个双管齐下的办法是，在制定切实可行的贸易和环境政策的同时，集中精力解决涉及的概念问题。所有的概念要放到工业国家和发展中国家之间现有的国际协议及观点的背景下来理解。我们需要说明这些概念在历史条款中是如何出现的，以及将如何积极地进入未来。

在数十年鼓励资源出口型增长的经济发展理论的指导下，贸易与环境退化之间的双向关系已经出现在2001年开始的世界贸易组织（The World Trade Organization，WTO）的贸易谈判中。如同富裕国家与贫穷国家之间关于气候变化的冲突，谈判过程中暴露出了富裕的工业化国家同发展中国家之间的严重分歧和利益冲突。南北双方的利益冲突今天仍在继续。贸易和环境之间到底是一种什么样的关系，使它成为公众舆论的焦点？

必须理解，北南关系其实非常简单。我们在当前的气候谈判中已经看到了这一点。是否给中国设定排放上限同是否给肯尼亚、尼加拉瓜或者老挝的排放设定上限是完全不同的问题。北方和南方还都不是整齐划一的利益共同体。美国和欧盟在贸易与环境的基本问题上一直都存在着很大的差异，如农业补贴、转基因生物以及本书的主题——温室气体排放的控制。类似地，南方国家都处于不同的发展阶段，代表的利益明显不同；巴西同玻利维亚、尼日利亚或喀麦隆也明显不同；中国同其他绝大多数发展中国家都明显不同。

即便如此，北南双方一直是相互对立的，尤其是在与环境、贸易和全球变暖相关的问题上。应该理解这些问题，并找到解决这些问题的办法。在本章的前面部分对此做出了解释：全球环境问题的核心和关键是人类社会对产权的组织形式与对自然资源的定价方式[①]。这就是我们面临的全球环境问题产生的根本原因。贸易与环境之间的冲突也源于此，正如齐切尔尼斯基1994年所指出的那样（参见本书54页）。

在北方，自然资源一般是以私有财产的形式存在和被交易的；而在南

---

① 见参考文献Chichilnisky（1994a）。

方，它们是以公有财产的形式存在。森林、水或石油等资源在南方通常被称为“人民的财产”。北一南之间的这种差别是全部环境问题产生的基础，也是世界经济中自然资源贸易模式产生的根源。

北一南之间的贸易模式是当代严重的环境问题产生的根源。全球变暖问题是由于人类过度使用化石燃料引发的，而人类过度使用化石燃料则是由于化石燃料过于廉价所致。如果化石燃料的价格比现在的价格高出几倍的话（在这种情况下，我们就会利用其他类型的能源），全球变暖的问题就不会产生。但是，我们已经习惯于这种由国际市场决定的低廉的化石燃料价格。石油是一种全球性的商品，它的价格也是一个全球性问题。最近几年，石油的价格非常低（尽管最近经过了几次上涨，但仍然很低），因为它是由自然资源定价非常低的发展中国家出口的。现实点说，如果石油的市场价格再高一些的话，就能解决这个问题。但是，没有人能告诉市场应该给石油定多高的价格，市场有其自己的定价方式。全球市场上的石油价格取决于自然资源市场的运行情况。要使市场能够反映真实成本，自然资源的出口国——发展中国家必须要明晰自然资源的产权。

我们特别感兴趣的是，贸易与环境之间的关联关系是可以改变的，因为它是由当前正在受到关注的全球自然资源产权来决定的。《京都议定书》的意义就在于它可以为世界各国分配使用大气的权利。而且，我们可以在世界范围内为生物多样性、全球电波、大气和世界水系等全球资源建立合理的产权体系，并将它们作为建立富裕国家与贫穷国家之间公平竞争环境的有效工具。它们也可以被用于切实解决南北冲突的政策措施。

在制定适用于全球范围的产权方案之前，需要指出的是，随着时间的推移，北南双方关于贸易和环境问题的态度发生了很大变化。传统上，正如我们前面所看到的，南方国家反对贸易自由化，因为它们担心北方国家会操纵全球市场。非常荒谬的是，随着时间的推移，北方国家和南方国家的立场发生了对调，各自站到了对方原来的立场上。最初，发展中国家担心在北方国家强大政府的操纵下贸易自由化会带来森林退化和贫困，因为北方国家的政府代表着大公司的利益，而且不愿意履行它们在贸易谈判中许下的承诺。

然而，目前发展中国家却比工业化国家更推崇国际贸易。在世界贸易组织谈判中，发展中国家目前坚持它们产品的自由贸易，而工业国家却经常看起来是在保护本国市场，如农产品市场，而且反对外包。在一定意义上说，它们分别视对方为竞争对手。在这一点上，北方的劳工部门同环境保护组织达成了共识，因为环境保护组织认为来自南方的进口会导致森林退化、气候变化、生物多样性减少、物种消失和其他形式的环境退化。

北南双方的利益分歧阻碍了很多次谈判，而且，双方对坏人与英雄的理解明显不同。北方国家的人民认为，跨国公司是坏蛋，因为它们把利润置于人民的利益之上，雇佣南方国家廉价的劳动力，促进南方国家的工业化，从而造成本国的失业问题。从环境保护主义者的角度来看，粗心的南方国家政府和贪婪的跨国公司都是坏蛋。而对于南方国家的政府来说，强大的北方国家的政府是坏蛋。

我们强调产权问题不足为奇。产权问题当然不是新问题，但是，这里所强调的是完全不同的、新的产权问题，即全球资源的产权问题，而不是大家所熟知的如土地改革等国内或地方的产权问题。实际上，产权问题在主流经济学中一直担当着重要角色。在20世纪，它们曾经被区分为资本主义和社会主义。资本主义被看做是一个生产资料和资本私有化的经济系统，而社会主义则强调资本的共同拥有或社会产权。两种政治体制——资本主义和社会主义对于资本等生产资料的产权制度的评判标准明显不同。资本主义认为资本应该私有，而社会主义则认为资本应该属于公共财产。众所周知，资本主义与社会主义之间的这种争论早已经过时了，而且也与环境无关。

产权问题今天依然存在，虽然是以一种不同的方式存在。今天的世界经济版图不再像20世纪初那样被分割为资本主义和社会主义两大板块，而是被分割为北方与南方、富裕国家与贫穷国家。南方主要由前工业化和农业经济组成，北方则主要包括后工业化经济。在两种类型的经济中，资本已不再是最重要的生产投入，它也不再是主要的问题。问题也不再是“谁是资本的所有者”，而是“谁是自然资源的所有者”和“谁是知识的所有者”。与全球环境密切相关的问题是全球自然资源归谁所有，即哪些国家拥有对于未来福利至关重要的自然资源。这改变了资本主义和社会主义关于谁拥有资本的基本假设，美国等资本主义国家与中国等社会主义国家今天都面临相似的环境困境。

5.5.1 迫切需要解决的问题

心存疑虑的读者也许会问，为什么这个问题以前没有被发现？为什么全球自然资源产权问题到现在才出现？原因很简单，可以用类推的方法给出圆满的解释。在没有足够的交通量的时候，我们从不关心道路使用权，即所谓的交通信号灯系统。第一个在美国定居的人并不关心土地所有权，它是免费的，直到它变得稀缺。我们从没关心过地球上的大气、水体和生物多样性等全球自然资源的产权问题，直至人口增加到对这些资源构成威胁的时候。在地球的整个发展史上，人口从来没有达到像现在这样的规模，目前，世界总人口已经达到了67亿，预计到2042年将达到90亿。现在的人口增长速度在20世纪以前是从没有过的，由于这是一种全新的现象，我们的历史传统对这样的变化没有做好充分的准备。我们没有应对这一新型全球挑战的全球性机构。现在我们迫切需要动员国际社会有组织地利用自然资源，就像当交通量达到较高水平时我们需要组织道路网一样。为了同样的原因：避免无谓的冲突、纷争、成本、痛苦和死亡。这就是为什么说全球自然资源产权问题直到今天才出现的原因。

从全球的角度来看，目前地球上的石油、水体及大气等自然资源要比资本重要得多。它们决定了经济全球化问题以及随之而来的环境风险和全球贸易与环境之间的冲突。在现代社会，资本已不再像在20世纪初的工业社会那样是主要的生产投入。在发展中国家，资本也不是生产和贸易的主要决定因素。在前工业化经济中，即所谓的南方，产权主要是指土地和农产品的所有权与交易权，更普遍地是指拥有和交易自然资源的权利。类似地，在从南方进口自然资源的后工业化经济中，主要的生产投入是知识，而不是资本。正是由于这些原因，此处对环境和贸易问题及其解决办法的解释主要集中于一种同20世纪初占主要地位的产权类型完全不同的产权类型。自然资源的产权更适合于被分为北南两部分的当今世界。

总之，当前关于环境问题的争端不再发生在社会主义与资本主义之间，而是发生在两种其他形式的经济组织——通过国际市场被联结在一起的农业社会与后工业化社会之间。环境问题贯穿于传统上按政治体制分类的左派和右派、资本主义与社会主义。这使那些固守过时的左派和右派分类思维方式的人感到困惑。保护环境对双方都很重要。我们所面临的环境问题，主要是由于南方出口和过度开发自然资源、北方国家进口并过度消费自然资源所致。如果我们想了解和解决全球变暖、臭氧层耗损及地球生态系统的破坏等当代全球环境问题，我们必须重视这种二分法。我们必须认真看待北南双方市场关系的经济基础。

整个全球环境问题就是全世界对自然资源的过度开发和过度消费的问题。南方对自然资源的过度开发导致了北方对自然资源的过度消费。这就是全球环境问题的根本所在。可以这样来看：如果北方显著减少石油进口，南方显著减少石油生产和森林砍伐，从而让世界上的森林不断扩大，那么，全球变暖问题就不存在了，它就会消失。其他全球环境问题也会迎刃而解或明显改善。目前，世界上大多数濒临灭绝的物种都主要栖息在森林及其周围地区和水体中。如果它们的生态环境保持完好无损，它们也就会存活下去。

运用全球产权制度解决贸易与环境问题的过程已经开始启动。它的开始很不顺利，也没有得到普遍的认可。但是，这个过程太重要了，必须把它理解为能够促使全球产权制度得以采纳、实施的政策工具。

全球自然资源产权是《京都议定书》的重要组成部分，也是其最显著的特征。《京都议定书》建立了全球化时代所必需的全球自然资源产权制度。

开创了全球大气产权制度的《京都议定书》等国际协议是掌握未来的关键。它们可以解决和协调贸易与环境领域的严重冲突。《京都议定书》还只是一个开始，它是将来许多国际协议的样板。然而，如果目前想为全人类美好的明天设计全球经济的话，抛开《京都议定书》这个样板必将一事无成。

《京都议定书》远不止是一个关于谁该排放什么的大气使用权及其交易权的分配体系。它还包含一个将北方和南方、贫穷国家和富裕国家加以区分的不对称待遇体系。根据设计目的，它是一个惠及贫穷国家销售商品的全球市场。贫穷国家拥有世界上绝大部分环境资源，它们可以利用这些环境资源向工业国家出售CDM信用。限制碳排放和解决全球变暖问题，无论是对于改善环境，还是对于消除全球不平等，都是在正确的方向上向前迈进了一步。这就是为什么《京都议定书》的碳交易市场能够经受住市场的推崇者和贸易怀疑论者的双重考验。它值得人们给予机会。

第 6 章

拯救《京都议定书》

《京都议定书》还远不够完善，那么，为什么还要拯救它呢？因为它已经取得了非凡的成就，对于我们所有人来说都是非常重要的而且大多数人都不相信它能够取得的成就：它为全球温室气体排放设定了上限。有史以来，我们第一次同意限制碳排放、改变我们的能源利用，这是解决全球变暖问题的唯一途径。这是一个不小的成就。

为了不重蹈覆辙，现在我们必须完善我们多年所取得的成就。让我们一起来拯救《京都议定书》！时间紧迫，因为我们正在加快不可逆转的全球气候变化，正如您已经读到的。已经没有时间可供我们浪费。

老实说，即使我们想重蹈覆辙，从头开始就另一个减排国际协议展开谈判，我们还会遵循《京都议定书》的路线图。为什么？因为《京都议定书》和它的碳交易市场具有非同寻常的特征，这些特征虽然常被误解，但对于人类来说非常重要。

这些非同寻常的特征都是什么？最基本的特征是给全球排放设定上限。我们列出了三个特征，读者可以自己评价它们到底有多么不同寻常。

首先，碳交易市场可以解决全球变暖问题，而且不用付出净经济成本。这看起来似乎不太可能，但是确实如此。之前这个特征一直没有被观测到，所以应该被特别提到。许多人担心解决全球变暖问题的成本，据估计，它约为全球经济总产出的1%。这也是人们反对采取措施应对全球变暖问题的理由。碳交易市场完全可以解除这些人的疑虑[1]。

其次，碳交易市场通过其自身的交易机制就可以解决全球变暖问题，甚至不需要1美元的捐赠，不需要征税，不需要补贴，什么都不需要。绝对不需要。事实上，它是通过其他方式做到的：碳交易市场创造了财富，并促进了世界经济的发展。

最后，碳交易市场可在同时有利于双方的前提下缩小贫穷国家与富裕国家之间的收入差距。是的，它能够做到这一点。它已经开始提高生产率、减少贫困，这在之前是闻所未闻的，而且它能够在这方面取得更大的成就[2]。

这些都是大胆的陈辞，但也会受到质疑。它是怎样运行的？且见下文。

6.1　《京都议定书》、财富创造与可持续发展

《京都议定书》是通过市场的神奇力量发挥作用的。是的，仅此而已。但是，不要低估了它的意义和成就。市场是世上绝无仅有的能创造财富并代表民主目标的强大机制。但是，到目前为止，市场一直被严重扭曲了。21世纪继承了国际市场原有的特性，即忽略我们的自然极限和我们当前所面临的稀缺性。这是正常的，因为在此之前，相对于巨大的世界，人类社会是非常渺小的，我们可以随意地使用地球上的大气，想用多少就用多少，而且不用支付任何成本，完全免费。但是，今天我们已经达到了极限，已经触及了利用大气的自然极限。

给世界的排放设定上限，《京都议定书》改变了这一切。很快，它给市场一个正确的信号：稀缺性是客观存在的。我们再不能继续将大气当作垃圾堆放场——它的容量是有限的。

在世界的排放上限被设定以后，排放权交易的市场价格就开始出现了。碳交易市场给排放定了价，目前约为每吨30美元。这意味着，排放1吨二氧化碳的社会成本是30美元。此后，世界市场就变得不一样了。我们不再将大气看成是可无限利用的资源和我们的发电厂、汽车以及工厂所产生的废

---

① 见参考文献 Ackerman, Stanton (2006); Stern (2006)。

② 见参考文献 World Bank (2006－2007)。

弃物的堆放场。这看起来很简单，它也确实很简单。你也许会认为它就是几美元和几美分的事情，它有什么了不起的呢?

别着急。这远不止几美元和几美分的事情。事实上，通过一个国家一个国家的谈判，各国都接受了限制使用全球大气公共物品的规定。这就是一个壮举，它标志着我们同自然之间关系的一个转折点。它表明，我们对大自然的极限和面对人类的摧残与滥用大自然所表现出的脆弱性有了新的认识。也许更为重要的是，它开辟了全球合作的新纪元。如果世界各国能够求同存异，共同承担保护地球和造福子孙万代的责任，我们也许还能解决全球社会所面临的其他更严重的危机。这样，即使气候变化使我们面临巨大挑战，通过建立碳交易市场，我们也会将挑战转变为机遇。

《京都议定书》促进了富裕国家和贫穷国家之间的合作，整合了经济与环境效益，到目前为止，还没有任何其他的国际协定和市场关系能够做到这一点。但它还只是一个开始。碳交易市场的巨大潜力还远未得到充分发挥。在前一章我们看到，目前还存在两个主要的制约因素：一是世界上最大的温室气体排放国——美国不愿意批准《京都议定书》，除非中国和印度限制它们的排放；二是来自欧盟和日本反对 CDM 的呼声加大。如果我们不尽快克服这些障碍因素，《京都议定书》将在没有任何替代品的情况下于 2012 年面临失效。在各个战线上，时间都在飞速流逝。我们拯救《京都议定书》所剩的时间不多了，我们阻止气候变化所剩的时间也不多了[①]。

是否拯救《京都议定书》与是否应对气候变化不是同一个问题。拯救《京都议定书》的前提是世界各国都同意没有比气候变化对人类文明的威胁更大了。它是第一要务。问题是，《京都议定书》是否是最适合承担这个任务的制度框架。

6.1.1 如果不是《京都议定书》，那么是什么?

人们听到的第一反应是，每个国家可以单独采取行动。为什么不行？为什么美国不能建立自己的碳交易市场，为什么它不能限制自己的温室气体排

① 关于危机时刻问题请见 2006 年的《斯特恩评估报告》(Stern Review)。

放？为什么我们需要国际合作和烦琐的国际协议？为什么不单独采取行动？为什么，这确实是问题吗？

如果一个国家采用单独行动的方式减排，世界总排放量不会降到可以避免气候变化危机的水平。事情很简单。可以这样来考虑：美国可能明天早上就不再排放1吨二氧化碳了。然而，即使美国什么也不排放，它仍然会是气候变化的受害者，仍然会因为其他国家的行为而承受全球变暖的后果。事实上，正如我们在第1章中所看到的，据2008年OECD的估计，美国的一个城市——佛罗里达州的迈阿密，气候变化造成的财产损失就达3.5万亿美元。2008~2009年的金融危机也带来财产实际价值的减少，但是，损失的范围是实实在在的。仅仅一个城市就因为其他国家的行为而遭受数万亿美元的财产损失。为什么会发生这种事情？因为美国作为世界上温室气体的最大排放者，它的排放量也仅占世界总排放量的25%。就是这样。其他75%来自美国国土以外，足够促成气候变化，而且绰绰有余。碳排放均匀地分布于整个地球表面。它是最精准的平衡器。如果不合作，我们就会共同走向灭亡。

然而，如果世界各国以一个国际协议的缔约方身份开展合作，它们还必须同意怎么分担解决气候危机问题的任务。这正是《京都议定书》起步的地方：就每个国家的温室气体排放限制达成协议。所以无论我们拯救《京都议定书》与否，我们都需要重复《京都议定书》所走过的道路，我们需要就全球温室气体排放的上限及把排放限制分配给世界各国达成一致，别无选择。

一旦温室气体排放限制被世界各国所接受，碳交易市场就会成为一种自然的、合意的方式来促使每个国家灵活地减排，即某一年的排放高于它的排放上限，而另外一年又低于它的排放上限，进而全球的排放总量始终控制在总的排放上限之内。你一旦接受了这种灵活性，你立刻就回到了《京都议定书》的框架之下。《京都议定书》允许每个国家拥有自己内部的控制体系，如碳税和碳交易市场等。这就是无论你想要什么你都无法摆脱这个简单的道理。非《京都议定书》不可。

6.1.2 我们更喜欢《京都议定书》，你呢？

关于后《京都议定书》的谈判已经进行几年了。我们需要进一步降低排放上限和改进CDM。但是，还有什么其他机制能够像《京都议定书》的碳交易市场一样有效地解决利益纷争吗？

国际社会能够兑现它们在1992年的“地球首脑会议”上许下的公平对待发展中国家的承诺并达到很低的全球温室气体排放上限吗？国际社会能够分到蛋糕并吃掉它——兼顾公平和阻止气候变化吗？答案是肯定的，但是，它能够做到的唯一原因就是全球公共物品市场具有的独特性质及其带来的收益。

我们知道，《京都议定书》的碳交易市场可以将富裕国家的商业利益同贫穷国家的清洁发展需要整合起来。它通过与碳交易市场共同发挥作用的CDM已经做到了这一点。目前，企业界极力敦促欧洲议会保护CDM，环境保护论者也一样。但需要重申的是，《京都议定书》是一个市场导向型的协议，它具有三个附加特征，从而使它真正做到了独一无二和无懈可击。

1. 它创造了新的财富，用来支付减排所需要的花费。它可以解决全球变暖问题，而且几乎不需要支付任何经济成本，这样，就可以反驳我们所听到的许多世界级专家关于解决全球变暖所需成本的可怕警告。

2. 它可以促进世界范围内合意的技术进步、清洁技术开发和经济可持续发展。它可以支持和资助发展中国家实现清洁的工业化，这对于未来减少温室气体排放至关重要。

3. 它可以通过清洁发展项目促进财富从富裕国家向贫穷国家转移，从而帮助发展中国家减少贫困，并使所有国家都从中受益。

《京都议定书》运用市场手段实现了这一切，除了给碳排放设定固定的上限外，没有税收或管制。这是我们之前从未见过的成就。我们应认真对此进行讨论和解读。

6.1.2.1 财富创造

碳交易市场的神奇之处就在于它完全靠自我支付。碳交易市场会受到财政保守派们的欢迎，因为它是一个全资机构。各国政府除了参加关于制定国际排放权贸易规则的全球气候谈判需要支付成本外，不再有任何花费。

正如我们已经讨论过的，全球碳交易市场所做的重要工作就是给碳排放定价。目前，在全球市场上碳的交易价格约为每吨30美元。现在，全世界每年约排放 300 亿吨二氧化碳。如果按每吨 30 美元向排放者收取费用，碳交易市场每年创造了 9 000 亿美元的收入。这相当于全球 GDP 的 1.5%。这就是碳交易市场创造的巨额财富的新源泉。这笔财富可以用于支付全球的减排成本。事实上，市场完全可以靠自己做到这一点。谁减少碳排放，并在碳交易市场上出售其碳信用，就会得到相应的回报。

事实上，这笔财富一直都存在。它是全球的财富——大气和它调节全球气候的能力。《京都议定书》形成之前，排放者们将这笔全球的财富——我们共同的财富——据为己有，用做它们的私人物品。它们向大气中排放二氧化碳和其他温室气体，从而减少了这笔财富的存量。但是现在，受益于碳交易市场，我们可以拿回这笔财富，恢复其公共财产的地位。更为重要的是，我们利用碳交易市场可以在国家间重新分配这笔财富。我们必须坚持偏向贫穷国家的原则和有利于所有国家的原则分配这笔财富。

多年来，我们一直纠结于扭转全球气候变化、拯救世界需要付出多少成本和我们能否承受得起这笔成本等问题，我们过度看重减排的潜在花费。正如我们在第 2 章所看到的，IPCC 总结了气候经济学的专业文献，发现专家估计的阻止全球气候变化的成本为每年全球 GDP 的 1%～3%。世界银行前首席经济学家尼古拉斯・斯坦先生（Nicholas Stern）在其提交给英国政府的著名的《斯坦报告》中估计，全世界每年花费相当于全球 GDP 的 1%，将来就可避免全球气候危机所带来的相当于每年全球 GDP5%～20% 的财产损失。幸运的是，全球碳交易市场每年可以创造 9 000 亿美元的收入——足够抵销保护我们的未来不受全球气候变化破坏所需的成本。这个数字是有意义的，绝无虚言。目前，每年的世界 GDP 约为 65 万亿美元。为了阻止灾难性的全球气候变化，需要花费相当于每年全球 GDP 的 1.5%，约合 9 000 亿美元。碳交易市场可以创造一笔 9 000 亿美元的新财富，约占每年全球 GDP 的 1.5%，这笔财富支付给了那些减排者。对全球经济的净影响为零。在这个过程中，一些人的情况会恶化，而另外一些人的情况则会改善。坏人，即超额排放者，要付钱给那些少排放的人。但是，对全球经济的净影响是零。

将来，随着国际贸易的增加和世界各国采取更加积极的减排时间表，碳的交易价格将会上涨。一些估计表明，《京都议定书》碳交易市场的交易额很快就会达到 2 万亿美元，但是，只要碳交易市场能够正常运行，它就能够促使全球碳排放降至扭转气候变化的预期水平。这当然假设减排技术已经达到了相应的水平，《斯坦报告》也作了相同的假设。我们已经说明了包括新型“负碳”技术在内的“碳捕捉和储存”技术是怎样实现这个目标的。碳价可能会调整到能够反映使用这种技术减少一吨二氧化碳所需的真实成本。如果减少二氧化碳的成本下降了，碳交易的市场价格也会下降。这就是市场的奇妙之处。

那么，所有这一切都意味着什么呢？它意味着，用碳交易市场惩罚排放者，并要求排放者为它们的排放付账，会创造足够的收入，用以抵销阻止气候变化的预期成本。同第2章所讨论的针对灾难性风险的商业再保险相比，用1.5%的全球GDP保证我们的未来不受气候变化破坏是合理的和谨慎的。碳交易市场为支付这笔费用提供了途径。它确保排放者会负担这笔费用。它们会替我们所有人支付这笔保费。为了完成相应的任务，市场会保证这笔费用的有效分配。

还不相信吗？可以这样思考：从全球的角度来看，保护气候系统所获得的收益一定超过所支付的成本。根据《斯坦报告》，现在和将来全球变暖给我们带来的损失为5%～20%的全球GDP。虽然我们不能恰当地和精确地计算阻止全球气候变化所带来的收益，但是，我们中那些从气候变化学角度理解这些收益的人相信，阻止全球气候变化产生的经济效益、获救的生命数量和可避免的财产损失远远超过所支付的成本，IPCC的《评估报告4》估计这笔成本为全球GDP的1%～3%。如果阻止全球气候变化带来的收益等于或大于所支付的成本，我们就找到了利用化石燃料和保护环境的平衡点，这将提高人类的福利水平，这就是国际社会所追求的目标，而这一切对全球经济没有任何额外成本。

大家必须谨慎理解这些观点。我们所说的国际社会为阻止气候变化所付出的努力可以增加人类的净福利，即全球获得的总收益超过全球所支付的总成本，这并不代表世界上任何地方的任何人都会因为碳交易市场而获益。正如我们所看到的，碳交易市场会产生赢家和输家。它可能会损害一些排放二氧化碳的企业的利益和依赖化石燃料出口而繁荣的经济体的利益，而为另外一些地区创造前所未有的利好机会与新的发展前景。这就是它所表现的为正确使用地球大气提供激励机制。没有什么可惊讶的。只要一些部门和一些人的所得抵销了其他一些人的损失，那么，全球经济在我们阻止气候变化的过程中就没有净损失。这就是碳交易市场的奇妙之处。

在美国，关于美国减排的“总量控制和交易”计划的政治与学术讨论正如火如荼。但是，问题不在于是否采用“总量控制和交易”机制，而是如何更好地分配首次出售碳信用所得的收入。经济学文献指出，可以避免美国经济上最脆弱的家庭承担减排的成本。最近的研究表明，美国如果按人口平均分配出售碳信用所得的收入，超过60%的美国家庭会从中受益①。每个美国人所获得的“红利”代表着她/他对公共财产——美国分享的全球大气的所有权。美国“总量控制和交易”计划能够创造足够的财富来增加约2/3美国人的收入。这确实是一个非凡的成就。

正如我们即将看到的，财富再分配的潜能也存在于全球范围内。排放权的分配和CDM就是世界分配全球碳交易市场产生的利益的方式。这就是为什么这种利益分配会使那些少排放的国家相对于多排放的国家获得更多的收益。

但是，让我们再次明确，尽管阻止全球气候变化会对所有国家有利，但是不能保证每一个国家都会变好。全球碳交易市场创造了正确的潜力和正确的激励机制，但还是需要我们来决定如何分配碳交易市场所产生的利益。设想碳交易市场是一个为全球社会制造巨型蛋糕的成功食谱。一块巨型蛋糕意味着我们每个人都能分到较大的一块。分割这块巨型蛋糕的方法有很多种：我们可以公平地分配，分一块较大的给那些过去只吃到很少的国家。或者，我们也可以给富裕国家分配一块更大的，而给其他国家分配更小的或保持原来的大小。既然我们明白了为什么碳交易市场是创造未来的一个食谱，那么，我们同意公平分配这块巨型蛋糕以使我们所有人都从中受益吗？我们能利用碳交易市场促进可持续发展和缩小全球收入差距吗？

是的，我们能。促进可持续发展和消除贫困，好像是我们对碳交易市场要求的太多了，但这是可能的，我们确信它会做到的。这就是《京都议定书》和它的碳交易市场的奇妙之处。

---

① 见参考文献Boyce，Riddle（2007）以及国会研究处（Office of Congressional Research）和其他学术研究。

6.1.2.2 促进可持续发展

发达国家和发展中国家之间的贸易是复杂的。今天出售二氧化碳排放权意味着出售燃烧煤炭和其他化石燃料的能力。如果不能再燃烧化石燃料，大部分工业经济将会停滞，除非拥有可替代的能源资源和可行的技术。发展中国家可以通过出售它们的排放权来推动工业化。

全球碳交易市场有助于解决这个困境。最富裕的经济体有钱，但环境赤字：它们排放了全球温室气体的60%，尽管它们的人口只占世界总人口的20%。发展中国家的情况正好相反：它们的环境账户有盈余，但它们的金钱账户赤字。它们排放的温室气体很少，它们拥有世界上大部分仅存的森林和生物多样性。两大集团之间的贸易自然对双方都有利。

碳交易市场是如何为保护而不是破坏世界上的森林提供激励？碳交易市场为发展中国家环境资源价值的资本化提供了渠道。这些环境资源是对人类最有价值的资源。然而，目前人们认识它们价值的唯一方式就是破坏它们：将保护生物多样性和对空气有净化作用的森林砍伐，出售树木用于制造木板与纸浆，或者将森林燃烧后变为农田。碳交易市场可以不破坏环境资产就能使人们认识到它们的价值。此外，通过为所有交易商提供中性的贸易基础，它平衡了大、小交易商的相对地位。它还提供了一种不具名的机制，使一些小的销售商能与一些大买家进行交易。碳交易市场是全球金融基础设施的重要组成部分，它既能满足当今成熟的工业经济的需要，也能满足那些新兴工业化国家的需要。

尽管《京都议定书》没有为发展中国家规定排放上限，发展中国家因此不能直接在碳交易市场上进行交易，但是，它们仍然可以参与碳交易市场的活动，并从中获益。这是因为，CDM鼓励在发展中国家投资清洁技术项目，允许发展中国家间接地从碳交易中获益。CDM是联结减排与宏大的可持续发展目标之间的重要纽带。《京都议定书》规定，CDM项目必须能够切实促进东道国的可持续发展。

我们前面已经谈到了CDM，但现在我们要进一步解释它到底是怎样运行的。当一个工业国家、一个个人或一个机构在发展中国家投资一个项目的时候，该项目的投资者就会根据其所减少的二氧化碳的数量而获得一个碳信用。然后，这个碳信用就可以在碳交易市场上被出售。例如，一个被证明减少了100万吨二氧化碳的项目可以获得很多碳信用，这些碳信用即可以在碳交易市场上以每吨30美元的价格被出售。这就使该项目的成本降低了3 000万美元，从而显著地提高了该项目的盈利能力。这样，CDM就为发展中国家发展清洁技术提供了强大的激励机制，鼓励工业国家的投资者们资助这些项目。它确保了后碳经济体的低碳技术不断向发展中国家转移，从而形成从北方源源不断地流向南方的资金流。

CDM鼓励发展中国家利用清洁技术，从而改变了利润函数。看这样一个例子，假如在发展中国家有两个项目，除了所使用的技术不同以外，其他各个方面都完全相同。一个项目排放1 000万吨二氧化碳，另一个项目一点二氧化碳都不排放。在《京都议定书》给碳排放定价之前，投资者没有动力从两个项目中进行选择。但是，因为有了CDM，采用清洁技术、不排放二氧化碳的项目要比另外一个项目多创造3 000万美元的利润。

CDM是由《京都议定书》碳交易市场内生的具有革命性意义的市场机制。2006年，也就是碳交易市场开始运行的第一年，约80亿美元的CDM项目在发展中国家开始启动。自2006年以来，《京都议定书》碳交易市场在欧洲的延伸——欧盟排放交易计划（European Union Emission Trading Scheme）已经在贫穷国家投资约230亿美元的CDM项目。这些项目可以实现欧盟所需减排总量的20%[①]。

只要了解现有CDM项目的规模和经营范围，就能够理解CDM对于全球经济的革命性意义。在世界范围内已经注册的CDM项目达1 183项，形成的核证减排额度（Certified Emissions Reduction Credits，CER）达22 700万美元，其中55%的核证减排额度都产生于中国（见表6－1）。每个CER相当于排放一吨二氧化碳的价值。到2008年，处于各个阶段的CDM管道项目已经超过了3 000项，预计到2012年年底以前将产生27亿美元的CER。55%以上的项目其目的都是在东道国进行可再生能源的开发（见图6－1）。

① 见参考文献World Bank（2006－2007）。

表 6-1 **CDM 项目的减排情况** 单位：美元

	年平均核证减排额度*	2012 年预计核证减排额度**
CDM 管道项目（3 000 项）	—	2 700 000 000
1 183 项已经注册的项目	227 697 552	1 330 000 000
91 项申请注册的项目	31 237 639	130 000 000

注：* 假设所有活动同时达到预计的年平均减排额度。

** 假设计算周期不变。

资料来源：UNFCCC。

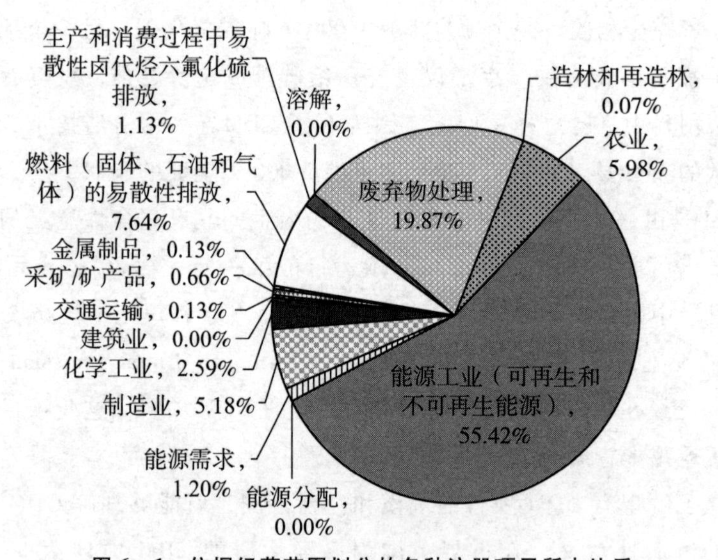

图 6-1 依据经营范围划分的各种注册项目所占比重

每个 CDM 项目都必须经过严格的公共注册和核准程序，其目的是确保它能够实现“真实、可度量和可核实的减排量，即如果没有该项目的额外排放量”①。CDM 执行委员会（Executive Board）对批准《京都议定书》的国家负责，主要监督 CDM 项目的注册与核准。

① 见 UNFCCC 网站关于 CDM 的介绍，http：//cdm. unfccc. int/about/index. html

6.2　全世界的清洁发展项目[①]

为了更好地理解 CDM 项目的真实收益，我们将现有的一些项目介绍如下。它们都是来自官方的正式介绍，其项目简介及其对于可持续发展的意义同提交给 CDM 执行委员会的注册与核准文件相同（关于如何进行金融资助和如何获得碳信用的细节，请参见第 82 页）。

(1) 内蒙古风电场项目 (Inner Mongolia Wind Farm Project)

东道国：中国

关联国：英国

内蒙古风电场项目的目的是利用可再生的风力资源发电。该项目将安装 33 台风力发电机。总装机容量将达 49.5 兆瓦时。该项目一旦建成投产，年平均并网发电量将达到 115 366 兆瓦时，预计每年可减少 120 119 吨二氧化碳当量。该项目将利用清洁和可再生能源进行发电，可实现环境和社会效益。该项目可以通过以下几种方式促进可持续发展：

- 减少温室气体排放和其他污染物。
- 促进中国国内制造业和风电产业的发展。
- 增加地方收入和就业机会。

(2) 亚喀巴热电站燃料转换项目 (Fuel Switching Project of the Aqaba Thermal Power Station)

东道国：约旦

关联国：英国

该项目的目的是使约旦亚喀巴热电站的燃料由石油转换为天然气。亚喀巴热电站是约旦最大的发电厂。燃料转换是由重燃料油 (Heavy Fuel Oil, HFO) 转换为天然气 (Natural Gas, NG)，而且并不改变该热电站的生产能力。预计该项目在 10 年的项目期中平均每年减排 397 163 吨二氧化碳当量。亚喀巴热电站启动燃料转换项目主要是因为该热电站燃烧重油发电形成空气

---

① 见 UNIPCCC 网站关于项目的介绍，http://cdm.unfccc.int/Projects/projsearch.html

污染，对环境产生负面影响，以及约旦对《京都议定书》的批准和CDM具有的潜在收益，这些都是立项之初所考虑的经济可行性的基础（尽管相关燃料的价格并不十分有利）。燃料转换对环境有利，对可持续发展的贡献主要表现在：

• 支持以旅游为支柱产业的地方经济，因为旅游业的发展得益于污染的减少。

• 减少重燃料油的运输（船运/汽运），从而减少交通量和污染（所需天然气通过亚喀巴湾的海底输气管从埃及进口）。

• 减少温室气体排放，促进约旦向清洁能源倾斜的电力生产的多样化。

（3）力侨棕榈油厂的沼气捕捉和再生产项目（Biogas Capture and Regeneration at Lekir Palm Oil Mill）

东道国：马来西亚

关联国：瑞典

该项目将在马来西亚的力侨棕榈油厂实施。工厂的废水将通过一个蓄水系统进行处理。这些条件在蓄水池中形成了厌氧环境，使废水中的有机物发生降解作用，从而产生沼气。该项目将封闭现有开放的厌氧蓄水池中的两个用于捕捉沼气。然后，将处理后的废水排入现有的后续蓄水池进一步净化。捕捉到的沼气将在双燃料发电机（燃烧柴油和沼气的混合物）中燃烧发电，从而满足项目运行所需的电力，剩余的沼气将被当场燃烧掉。这个过程对环境是有益的，对可持续发展的贡献主要表现在：

• 减少开放的厌氧蓄水池所产生的温室气体。

• 减少臭味，改进空气质量。

• 在项目执行期为地方社区创造就业机会。

• 使知识和技术能够被运用于沼气生产与发电机中沼气的处理及利用，从而促进发电机市场的发展以及利用沼气为真正替代能源的马来西亚地方工业的发展。

（4）岳西大雁小型水电厂项目（Yuexi Dayan Small Hydropower Project）

东道国：中国

关联国：瑞典

该项目是中国云南省漾濞江上游引水式（water-diversion-type）径流（run-of-river）水电站项目，该项目所生产的电力将替代中国南方电网中部分由燃煤电厂所生产的电力，从而可减少温室气体排放。预计该项目平均每年可减少97 403吨二氧化碳当量。该项目可通过对可再生能源的利用促进地方可持续发展。该项目对可持续发展的贡献主要表现在：

• 该项目将成为漾濞彝族自治县的主要电厂，并在开发当地的硅、锑和钼等资源中发挥重要作用，从而有助于减少地方贫困。

• 缓解电力短缺问题，提高当地电网的电力质量，改善工业和农业生产条件，满足当地少数民族日常生活用电的需求。

• 减少燃煤发电所产生的污染物质和温室气体排放，从而改善地方环境。

• 创造地方就业机会。

• 在项目实施以后，当地居民可以用电力替代木柴，从而减少对地方植被的破坏，保护地方生态环境。

（5）促进广西珠江流域治理的再造林项目（Facilitating Reforestation for Guangxi Watershed Management in Pear River Basin）

东道国：中国

关联国：意大利、西班牙

该项目旨在开发和示范可靠的固碳（Credible Carbon Sequestration，CCS）技术与方法，通过促进珠江流域分水岭的植树造林活动，提高当地居民的生存能力，改善自然环境。该项目可以增加当地贫困农民和社区的收入，这是因为，植树造林可以固碳，从而成为当地居民的摇钱树。当地居民可以直接从林木经营中获益，也可以通过销售碳信用获得收入。这反过来又会减少对天然林的威胁。此外，该地区的植树造林在从大气中吸收二氧化碳的同时，还在保护生物多样性、水土保持和减少贫困方面发挥重要作用。该项目对可持续发展的贡献主要表现在：

• 通过在小流域植树造林实现固碳的目的，在植树造林活动如何实现可测量、可监控和可核实的高质量的温室气体减排方面进行实验与示范。

• 通过加强森林与相邻的自然保护区之间的联系促进生物多样性的保护。

• 控制水土流失。

• 为当地社区增加收入。

（6）农业废物管理系统的减排（Agricultural Waste Management System Emissions Mitigation）

东道国：墨西哥

关联国：瑞士、英国

该项目是将适用于集约化畜禽养殖的温室气体减排方法应用于墨西哥中部的圈养动物（猪）的饲养业。该项目将以一种经济可持续发展的方式减少温室气体排放，同时创造其他环境效益，如改善水质和减少臭味。简单来说，该项目就是要将高排放的动物废物管理系统——开放空气池改为低排放的动物废物管理系统，通过捕捉和燃烧产生的沼气形成环境温度下的厌氧分解器。该项目的目的就是通过改进动物废物管理系统减少与动物废物有关的温室气体排放。它每年能够减少约 430 万吨二氧化碳当量。它对可持续发展的贡献主要表现在：

- 通过恰当地处理大量的动物废物保护人类健康和环境。
- 沼气恢复项目将改善畜牧业的基础设施，使利用可再生能源成为可能。
- 改善空气质量（减少挥发性有机物和臭味的排放）。
- 为今后能够促进温室气体减排和缓解地表水污染问题的农业项目提供激励。
- 通过专业设备制造、安装、操作和维护等活动增加地方熟练劳动力的就业。
- 建立世界一流的、有规模的动物废物管理实践模式，为墨西哥其他牧场提供经验借鉴，大幅度减少与畜牧业相关的温室气体排放，为创造新的收入来源和绿色能源提供潜力。

（7）开普敦库亚萨低成本城市住房能源更新（Kuyasa Low - Cost Urban Housing Energy Upgrade，Cape Town）

东道国：南非

关联国：无

该项目的目的是探索对库亚萨地区低收入家庭住房开发和该地区未来住房开发的一种干预手段。它旨在改善现有的和未来的居住单元的供热性能，提高照明和热水供应的效率。这将减少每个家庭当前和未来的电力消费，从而显著减少每个家庭的碳排放。该项目的其他好处还有减少因地方空气污染引发的肺炎、二氧化碳中毒和其他呼吸道疾病。预计还会减少火灾及其财产损失。该项目对每个家庭单位的干预活动包括：第一，绝缘的天花板；第二，太阳能热水器的安装；第三，节能灯。它对可持续发展的贡献主要表现在：

- 与运用太阳能供应热水一起提高最终能源利用效率，将有效避免污染排放，并节约能源。这有利于“能源扶贫”。

- 通过增加可再生能源利用和改善供热性能，该项目提供了与地方污染物相关的清洁能源服务，而且比基线情形还低廉。供热性能的改善可以调节室内温度，使室内环境更舒适、更有利于健康。

（8）生物燃料和城市固体废物在泰米尔纳德邦水泥制造业中的利用（Substituting Biofuels and Municipal Solid Waste in Cement Manufacturing, Tamil Nadu）

东道国：印度

关联国：德国

该项目是在印度泰米尔纳德邦格瑞希姆水泥工业有限公司南方分部（Grasim Industries Limited – Cement Division South）的水泥制造过程中用可替代能源（去油稻糠、城市固体废物和轮胎）部分替代化石燃料。目的是通过在水泥生产过程中利用可替代能源，从而减少二氧化碳排放。常规生产是在熟料形成的干燥系统中使用化石燃料，如煤炭、褐煤和石油焦产品。该项目涉及替代能源对化石燃料的部分替代，如利用农业副产品、轮胎和城市固体废物（以垃圾衍生燃料的形式），所有这些都是温室气体排放很低的能源。这将大量节约不可再生的化石燃料，每年还能减少 51 932 公吨二氧化碳当量的温室气体排放。利用这些替代能源需要更新现有的设备和安装燃料加工设备。这类项目是不同寻常的，因为没有 CDM 投资，通常经济上是不可行的。它的可持续发展潜力主要表现在：

- 低排放燃料替代化石燃料。
- 废物被用做可替代能源得到了更有效的利用。
- 在农业副产品的供应链中创造了更多的就业机会。
- 为农村地区的熟练和非熟练劳动力创造了就业机会。
- 通过利用农业副产品，为农民增加了收入。过去，这些农业副产品都在开阔地被燃烧掉，没有创造任何价值。

6.2.1 缩小全球差距

气候危机是过度开发利用公共资源的典型例子，通常被称为“公地的悲剧”。大气是全球所有人的共享资源。历史上，我们已经污染了这种资源，而没有考虑它是如何减少我们对这种资源的利用或者它是如何减少那些与我们共享这种资源的千百万人对这种资源的利用。我们从来没有节约利用大气的动力，因为从来不用为利用它而支付成本。大气属于我们所有人，同时也不属于我们中的任何人。

通过对这个问题简单而精准的描述，《京都议定书》的逻辑就更清晰了。由于没有一个国家无权利用大气，也没有一个国家有动机限制自身利用大气，所以，为了我们自己和我们的子孙万代保护大气的唯一机会就是一致同意给全球的温室气体排放设定上限。通过给全球的温室气体排放设定上限，《京都议定书》将过去我们认为可以无限供给的东西——大气吸收温室气体排放的能力转变为有限供给了。它创造了过去从未被认识到的稀缺性。这种稀缺性给我们对大气公共物品的利用施加了成本。有史以来，我们第一次要为对大气的污染买单。

《京都议定书》所做的最重要的事情是为一个共享资源创造了产权——使用者权限。我们可以认为这些使用者权限就是排放权——向大气中排放固定数量二氧化碳的权利。但是，限制使用大气还只是第一步。《京都议定书》更为困难的任务是给各国分配这些使用者权限。它通过给各国分配限额完成了这项任务。限额表明了各国到第一承诺期末必须减排的百分比。每个国家的排放限额代表它在全球排放权中的份额。一个国家的排放限额越低，它所得到的使用者权限越少，所需要减排的数量也就越多。

要想充分理解威胁《京都议定书》未来的冲突，非常重要的是要认识到排放权的分配是国家之间财富的一种转移。发展中国家排放上限的缺失实际上意味着它们可以无限制地使用大气公共物品。从这个意义上说，《京都议定书》只限制了全球排放的一大部分，即来自工业化国家的排放部分。通过赋予发展中国家无限使用大气的权利，《京都议定书》通过 CDM 极大地鼓励在贫穷国家进行清洁生产投资，这在国际事务中是无可匹敌的。排放权是非常有价值的商品，尤其是当这些权限可以在全球碳交易市场上交易的时候。排放权的分配是增加国家间清洁生产投资的有力工具，我们有意用它来缩小全球差距和阻止全球变暖。

碳交易市场具备一个惊人的特征，即有助于公平。不像其他市场，碳交易市场以保护贫穷国家为实现市场效率的前提条件，因此，在碳交易市场上效率离不开公平。没有一个市场能够做到这一点。其他所有市场都能做到有效率，但同时却是极其不公平的，这就是为什么人们不相信市场的原因。这种讽刺不会发生在碳交易市场身上。

事实上，在碳交易市场上交易的商品与在其他任何市场上交易的商品都不同，它是一种全球公共物品。其结果是，在各国的排放权与市场效率之间建立了重要联系。这对于市场行为来说具有重要的意义①。因为二氧化碳在全球分布非常均衡和稳定，所以对于世界上的每一个人来说二氧化碳的浓度都是相同的。每位交易者不能自主选择这个浓度，我们都面临共同的二氧化碳浓度。这种均衡性就是全球公共物品的特征之一。典型的公共物品是那些对于所有相关人的供给都相同的物品，如武装部队、桥梁和学校系统。公共物品使用权的交易市场与提供玉米、机器、住房、股票和债券等私人物品的标准市场不同。在标准市场上，交易者们决定不同商品的消费数量，而且他们是相互独立地做出决定。每位交易者根据他的偏好和支付能力确定他对一种商品的最优消费水平。一位交易者的最优消费水平不一定是另一位交易者的最优消费水平。

《京都议定书》为所有国家确定了相同的二氧化碳浓度。在各国收入和支付能力完全不同的情况下，《京都议定书》为各国确定的二氧化碳浓度不一定是最优的。事实上，它很有可能超过了大多数发展中国家的支付能力。与其他国家相比，发展中国家利用很少的能源，排放很少的温室气体。它们面对更多的是为满足基本需要的快速短期消费需求，如食物、衣服和教育等。正是由于这些原因，在当前这个时点上还不能要求发展中国家承担超过它们购买能力的全球温室气体减排任务。然而，这正是《京都议定书》的碳交易市场已经在做的事情。它之所以这样做，就是因为减排是一种全球公

① 见参考文献 Chichilnisky，Heal（1994，1995，2000）；Sheeran（2006a）。

共物品，而且我们都在享用着同一个大气。

为了解决这个问题，为了使发展中国家购买《京都议定书》规定的全球减排额度更有效或者最优，唯一的办法是增加在发展中国家的清洁投资，促使它们减少温室气体排放，以使整个世界的碳排放达到一个合意的水平。我们也许可以像国际援助机构试图做的那样直接为发展中国家提供小额的援助。我们也可以向发展中国家发放“补偿性支付”，引导它们接受排放限制①。但是，这种情况下的财富转移数量远远大于我们曾经见过的任何情况下的收入转移数量。你可以想象，如果富裕国家的政府开始直接向印度或中国等国家转移巨额财富，富裕国家内部会引起多大的骚动。

碳交易市场的神奇之处就在于它可以避免这些问题。请记住，碳交易市场为全球创造了新的财富资源。它可以利用这笔财富缩小富裕国家和贫穷国家之间的收入差距，其他国际贸易协定任何时候都做不到这一点。通过给发展中国家分配比富裕国家更多的利用全球大气的权力，并允许发展中国家出售这些权力，碳交易市场就实现了财富从北方向南方的转移，但是这只发生在 CDM 适用和全球碳排放减少的时候。它是公平的，也是高产的和高效的。《京都议定书》已经为发展中国家提供了比富裕国家更多的排放权，但它并非没有争议。

保持《京都议定书》这一最独特和神奇的特征也许是我们所面临的最大挑战。我们会无视《京都议定书》的潜能吗？存在一种可以联合所有国家、缩小全球收入差距和保护我们不受全球气候变化威胁的潜能吗？国际社会会拯救《京都议定书》吗？

① 见参考文献 Sheeran（2006b）。

第 7 章

金融风暴：《京都议定书》对未来意味着什么

在世界金融风暴爆发之时，《京都议定书》也面临前所未有的威胁。对大多数人来说，经济危机引发了一系列新的问题，从而影响到气候变化政策。气候谈判一直都很艰难，当前世界经济的低迷使气候谈判更是寸步难行。甚至在最近的金融风暴之前，欧洲就开始关注将控制能源利用作为限制温室气体排放的手段的成本问题。欧洲和日本曾经是气候变化政策的坚定支持者，但是，现在欧洲在关于下一步的谈判中为了实现自己的减排目标而背道而驰，而《京都议定书》的 CDM 在欧洲议会也面临严峻的挑战①。

在大西洋的另一侧，巴拉克·奥巴马总统有一个强烈的愿望，就是提出一个完全不同的气候变化政策。然而，这个愿望也被金融危机的寒风吹走了。环境组织已经在积极应对阻止全球变暖行动的迟缓和失望情绪。很多人说，行动的迟缓和失望情绪将不可避免地对美国的就业产生影响。

本书在详细解释了我们所面临的潜在的灾难性风险的同时，还阐明了全球气候变化给世界各国带来的独一无二的机会。它还揭示了《京都议定书》中碳交易市场整合商业利益和环境效益、促进富裕国家与贫穷国家之间的合作、诱发更多的绿色发展所必需的投资和缩小全球贫富差距的巨大潜力。这样看来，前途还是光明的。

我们已经走上了一条不归路。这也是一条新的起跑线，沿着这条路前

① 见参考文献 Potter（2008）。

行，我们所描述的各种光明前景都会出现。商业利益和环境效益能够统一起来，碳交易市场能够为新技术提供所需激励，也能为扭转气候变化支付成本，CDM 会有助于消除高度富裕国家与极度贫困国家之间的差距。但是，这是一场与时间赛跑的比赛。

全球金融风暴对我们很不利。它破坏了市场信心（很多人会说，这是重启市场的错误时机），但是，说句公道话，这并不新鲜。这是资本主义社会周期性的现象。资本主义的一切就是承担风险。整个系统就是建立在公司的基础之上，公司就是一种特殊类型的动物，是资本主义的特质。公司只不过是一个风险承担机器，一个承担经济风险的主体。公司的突出特征就是为萧条期的损失设定底线。对公司来说就是所谓的“有限责任”。依据破产法，公司可以洗清债务，东山再起，走向更加美好的未来。不足为奇，资本主义社会是创新的、具有创造性的，同时也是具有内在风险的。它们就是这样建立起来的。所以，每隔一段时间就陷入严重的危机之中也不足为奇。这就是风险的含义。它意味着，大多数时候事情进展很顺利，甚至是非常顺利，但是，有时会出错，出现严重的错误，非常严重的错误。那么，我们为什么在它们出现时还要感到惊讶呢？

原因是，当今世界是如此高度关联，以至于来自过剩的经济冲击会迅速地在整个世界经济中蔓延[①]。我们正处于一个新的经济阶段，金融机构之间的联系十分密切，以至于任何一个单一违约都会导致大范围的违约和金融失败[②]。

当前正在发生的金融风暴就是由美国房地产市场崩溃引发的。住房抵押贷款的违约率达到了历史标准的 2 倍，是 9.15%，而不是 4.3%，从而使由数百万抵押贷款打包而成的抵押贷款债券损失惨重。这促使具有巨大杠杆作用的大型金融机构在毫无监管的情况下，在出售抵押证券的基础上还出售信用违约掉期合同和期权。这一市场的交易额达 530 万亿美元，几乎是全球国内生产总值的 10 倍[③]。

---

① Chichilnisky，Wu（2006）提前一年精确地预测了这种现象，参见参考文献 Chichilnisky（2008）。

② Chichilnisky，Wu（2006）对这个命题进行了严格的证明。

③ 见参考文献 Chichilnisky（2008b）。

然而，我们所面临的主要问题与当前的形势一样艰难，但它不是由于资本主义的过剩和愚蠢造成的。资本主义除了给我们带来惊人的损失外，也给我们带来许多收获。所有这一切都是令人失望的和具有破坏性的，但它也是相对可逆的。它是循环往复的；经济下行周期将会按照它的轨迹运行，最终自我恢复。

7.1　投资于经济波动的时代

我们目前面临的较大问题是我们破坏了地球本身的新陈代谢系统，使它发生了不可逆转的变化。有历史记载以来，人类第一次以危及其生存的基本支持系统的方式改变着地球。这是现实。它也许在地质年代中是可以逆转的，但是在人类历史的时间尺度上是不可逆转的。

机遇往往与挑战并存。《京都议定书》——第一个创造了全新的全球公共物品交易市场的国际协议，为我们指明了道路。如果我们能够拯救《京都议定书》，我们就能避免不可挽回的损失。拯救《京都议定书》仍有两线希望——新技术和能够整合工业国家与发展中国家利益的新市场机制。

关于新技术，有一个短期战略和一个长期战略，而且两者是相辅相成的。在短期，碳捕捉技术可以迅速捕捉大气中的碳，并将其安全地储存起来，从而可以扭转气候变化。通过使用上述的“负碳”技术，这可以在下一个 20 年得以实现。这个短期战略能够与摆脱化石燃料依赖以及转向风能、太阳能、水电和地热能甚至是核能等无碳能源的长期目标相吻合。

但是，在短期我们还有很多事情需要考虑。《京都议定书》——全球行动的唯一工具、唯一关于减排问题的国际协议，其自身的生存也危在旦夕。

解决气候变化问题是可能的。碳交易市场以其天生的市场魔力，能够帮助我们找到一个毫无成本地解决问题的办法，就像我们已经看到的那样。但是，我们必须首先拯救《京都议定书》。从现在到 2009 年 12 月，我们必须找到目前导致美国同世界其他地区分离的政治因素，因为到 2009 年 12 月世界各国应该在哥本哈根会议上就后 2012 年的全球气候政策体系进行投票表决。

眼前需要我们解决的政治问题是美国要求在它批准《京都议定书》和

兑现其已经签署的减排承诺之前给中国及其他发展中国家的温室气体排放设定上限。我们知道，目前中国和其他发展中国家（G77）反对在它们还是贫穷国家时给它们的温室气体排放设定任何限制，这一立场得到了1992年《联合国气候变化框架公约》第四条的支持。然而，我们已经看到了我们是如何搬开前进道路上这块最后的绊脚石，那就是实施基于甚至超越碳交易市场的新的金融战略，这可以有效地提供每一方所想要的。

为了更精确地预测《京都议定书》的未来，需要给我们所倡议的两个解决办法一个真实的评价：政治办法用来解决发展中国家温室气体排放限制问题，技术办法主要针对碳捕捉。这个要求比较苛刻，但看起来是有必要的。把目标定得再高一点，我们不禁要问我们自己，如何将《京都议定书》的魔力应用于解决生物多样性减少和生态系统破坏等其他全球环境问题。这不仅仅是提高标准的问题，它还是一个现实问题。因为如果找不到现实解决生态系统破坏和生物多样性减少问题的办法，也许人类就不存在了，也就用不着担心什么碳排放问题了。毕竟，人类是地球上数量最多的物种之一，根据科学家的观点，人类的消失将是地球上唯一能与6 000万年以前恐龙的消失相提并论的物种灭绝事件。到那时，人类也会像巨大的恐龙一样从地球上消失。我们这次能否幸免于难是一个非常严肃的问题。我们应该认识到，《京都议定书》模式能够解决当代其他全球环境问题。

让我们首先考虑与碳捕捉技术有关的挑战。IEA的执行总裁田中伸男（Nobuo Tanaka）最近在回顾碳捕捉和气体储存技术的进展情况时指出，该项技术“一定会发挥重要作用，但是这首先需要在下一个10年得到检验”。2009年，加拿大和美国开始协商一项北美环境与能源协定，以确保应对温室气体排放时的能源供应。最近几年，加拿大政府已经投入3.75亿美元资助“碳捕捉和储存”技术的开发，并且建立了一个为期5年、总额为10亿美元的绿色技术基金。奥巴马总统明确地指出，“碳捕捉和储存”技术是一项不损害经济发展的温室气体减排措施；2009年的美国一揽子经济刺激计划将该项技术的示范和推广资金提高了70%，达到了80亿美元；伊利诺伊、得克萨斯、宾夕法尼亚、北达科他和堪萨斯等州已经开始了一些新的行动计划。

IEA出版了一本关于扩大二氧化碳“捕捉和储存”的蓝皮书[1]。该报告在提到二氧化碳捕捉和储存技术对于21世纪后期保持大气中温室气体浓度稳定的重要性时警告说，世界各国还没有在任何地方以所需要的速度与规模进行大规模的实验。该机构透露，八国集团（G8）同意到2010年完成20项大规模温室气体捕捉项目。但是，该报告称，“现有的开支和活动还远未达到实现这些计划目标的水平。”

所有这一切都要求回到最初的想法，即当前解决气候问题最有效的办法是发展和推广非污染能源技术工厂，更切合实际的是采用本书前面介绍的“负碳”技术[2]。许多气候活动家和政治家把以下两个问题放在了他们气候日程的首要位置：一是通过立法限制二氧化碳排放，没有立法，就不会有任何实际行动；二是推广捕捉和储存人为产生的温室气体的技术。这种技术通常被称为“洁净煤”技术，但是它更为先进，与以往只是直接从废气中清除二氧化硫等有害气体的技术不同。最近膨胀的财政赤字使得把这些想法变为现实变得更加复杂。然而，如果我们不迅速采取行动，这些计划也只能是白日梦。我们需要立即采取行动推广碳捕捉技术——理想的“负碳”技术，越快越好。

当前最重要的任务就是重新确定和降低全球碳排放的上限。这意味着要重新确定后2012年《京都议定书》的目标。第二重要的任务就是要建立基于“负碳”技术的“碳捕捉和储存”的示范工厂。应用“负碳”技术捕捉的二氧化碳数量要多于排放的数量。“洁净煤”技术只是“碳中和”，不能发挥更大的作用，它只能保持现有每年300亿吨的排放量不再增加。第二项任务有助于第一项任务：如果在哥本哈根会议上投票表决的各国认识到现有技术可以使后2012年的体制可行并有经济意义，它们就很有可能投票通过《京都议定书》在2012年以后继续适用。为了有助于打破中美僵局和富裕国家与贫穷国家之间普遍存在的僵局，第三重要的任务是启用基于碳交易市场的新的全球金融体系，因为碳交易市场可以切实供给双方各自所需，它确实是一枚双面硬币。这就是对巴厘路线图的简单解决方案。

---

① 见参考文献IEA（2008）。

② Chichilnisky与一些美国的物理学家和商业界人士正致力于建立一个基于一种当前可行的“负碳”技术的商业性示范工厂。

7.2 《京都议定书》适用于解决其他环境问题吗

未来全球整体环境会怎么样?《京都议定书》能够为解决当代除全球变暖以外的其他基本环境问题提供模板吗?简单的回答是可以,但需要对原因和具体的途径做出详细的解释。

我们为什么要担心全球环境?因为人类文明本可以不达到这样的境地:灾难萦绕,地球气候系统不可逆转的破坏,其他自然系统受到威胁。大气吸收和循环人类废物的能力不是我们前面所讨论的唯一的生态限制。事实上,这就是21世纪的现实:世界上的每个自然系统都处于严重退化的状态。如果20世纪被认为是技术创新和知识进步的世纪,那么,21世纪就是算总账的世纪,是使我们的知识和能力同地球脆弱的平衡相协调的世纪,也是使我们的财富与权力同世界上大多数人的基本需要相协调的世纪。

从森林到渔场,从大气到土壤,从水系到农田,人类几十年的开发和滥用已经达到了越演越烈的地步。我们正在目睹世界物种的迅速消失,当前世界物种消失的速度是过去地球上任何一次物种消失的速度的1 000倍,包括恐龙的突然和大量灭绝①。共同享有同一个地球的60多亿人正在削弱地球支持生命的能力。我们不能否认这一事实。地球还能支持我们多久?

7.2.1 《京都议定书》与国家财富

除非我们能够停止世界生态系统服务的退化,否则,人类的福利水平和繁荣程度都会毫无疑问地下降。两者之间的关系是一目了然和容易理解的。生物多样性的损失破坏了人类社会的基本需要。对于大多数人来说,很明显我们已经到达了人类历史上的一个重要十字路口。

水资源就是一个很好的例子。流域(包括我们水资源的生态系统)中的生物多样性为饮用、灌溉、侵蚀控制和净化供应淡水。这些服务对人类的

① 见《联合国千年报告2000》。

生存至关重要。对流域的管理不善，使流域不能净化水和控制侵蚀，而这些对于集水与蓄洪是非常重要的。因此，我们目前面临全球性水资源危机，从而对全球食品安全、人类健康和水体生态系统都产生了深远影响。人口增长、生活水平的提高、农业灌溉和工业生产使对淡水的需求量达到了前所未有的水平，而管理不善、污染与气候变化又在威胁现有淡水供应。到 2025 年，地球上 1/3 的人口将面临严重和可怕的水资源短缺。与气候变化一样，全球水资源危机的最严重后果将由世界上最贫困的居民承担①。

气候危机是全球生态危机的缩影，地球和人类的将来都岌岌可危。生态系统的健康与活力、人类的基本需要和公平相互关联。从这个共同点来考虑，我们可以重建它们。未来的战略不仅仅是要替代已经失去的，如果替代是可能的话，还应该投资于尚存的。我们学到的经验是，我们不能用人工替代品简单而廉价地复制生态系统的服务。例如，花费数十亿美元建造人工水过滤系统来替代生物多样性提供的无成本的自然水过滤服务。从这一点考虑，流域的退化没有多大经济影响，而投资于流域恢复和保护则意义重大②。

1996 年，根据美国环境保护局（Environmental Protection Agency，EPA）的规定，纽约市的供水面临两种选择：投资自然资本或投资物质资本。它选择了哪个？纽约市的水来自发源于卡茨基尔山脉（Catskill Mountains）的一个流域。卡茨基尔流域被化肥、杀虫剂和污水严重污染了，以至于它过滤和净化的水不能达到 EPA 规定的城市饮用水标准。投资于自然资本意味着购买流域内受到威胁的土地、恢复和保护这些土地及资助建设改善污水处理的设施。流域恢复所需要的总投资预计为 10 亿 ~ 15 亿美元③。另一个选择怎么样呢？④

另一个选择是建造一座具有足够净化能力的供应纽约市饮用水的净水厂。估计这个资本项目的总投资为 60 亿 ~ 80 亿美元。在这种情况下，选择是不言自明的，投资 15 亿美元于自然资本，纽约市可以节约 80 亿美元的物质资本投资。但是，结果比城市规划者们所相信的估计还要好。通过流域恢复，纽约市保护了其他重要的生态系统服务，如生物多样性和碳吸收⑤。

---

①②③④⑤　见参考文献 Chichilnisky（1998）。

对于森林资源，我们面临同样的选择。植树造林可以减少水土流失和吸收二氧化碳，但是，它不能代替天然林生态系统的生物多样性与活力。然而，世界上的森林正在以惊人的速度消失。我们每年会失去730万公顷的森林，其面积相当于巴拿马或者塞拉利昂的国土面积[①]。当前，认识森林价值的唯一途径就是破坏它们，出售木材用于制造纸浆或毁林开荒。随之而来的生态系统破坏损害了全世界人口的健康需求，富裕国家和贫穷国家都一样。

每年，全世界环境退化导致的生态系统损失总值达2万亿~5万亿美元[②]。这是G8的《波茨坦倡议——生物多样性》（Potsdam Initiative for Biological Diversity）一项最新研究的惊人结果。如此巨大的损失令人震惊。我们每年损失的自然资本要比2008年秋的金融风暴给华尔街带来的10亿~15亿美元的损失大得多[③]。它是自然资本，不是金融资本，它最终决定着全人类的福利水平。

我们呼吸的空气、我们饮用的水、我们生产食物的土壤、支撑我们生产的燃料、告知我们医疗技术的传统知识、丰富我们精神生活的物种、我们的娱乐设施以及自然风光给予我们的愉悦，都是构成地球自然资本的元素。这笔财富所面临的威胁要远远大于次贷和贪婪并暴跌的房地产价格对全球金融市场的威胁。一旦失去这笔财富，就不可能复得。因此，我们必须想方设法保护它。

世界上关于生物多样性提供给人类的价值和用金钱衡量的经济价值之间存在着巨大的反差。前者来自满足人类对水、食物和医疗的基本需要；后者是通过生物多样性以美元和美分的形式得以实现。我们所依赖的生态系统服务几乎全部属于公共物品。像大气一样，我们可以将这些重要的生态系统服务的退化归结为价格的缺失和产权的不明晰。这些都是地球上全人类共同拥有和享用的资源。整个人类历史上，我们都在利用它们和滥用它们，从没有考虑过我们的利用是如何削弱这些资源对于其他人或者子孙后代的价值。我们从未有过正确的激励去保护这些资源，因为从来没有为利用它们标上适当的价格。结果，我们现在要支付最终的价格。

---

① 见UN FAO的《全球森林资源评估报告2005》。

② 见参考文献Sukhdev（2008）。

③ 见参考文献Black（2008）。

生物多样性，地球上财富和知识的储存，属于我们所有人，同时又不属于我们中的任何人。它属于未来。未来取决于对地球上丰富自然资本的投资，以及利用这些资本的潜力改善我们所有人的境况。我们需要找到一些方法在不破坏环境资产的前提下使之资本化。但是，要做到这一点，我们必须保护每个人公平和可持续地利用他们的权力。地球及其自然财富不能出售给出价最高的人。相反，我们可以出售自然资本回报的股份，同时保留我们集体对那些自然资产的所有权。

7.2.2 解决方案

在适当的范围内，生态旅游（ecotourism）就是一个非常好的例子。生态旅游在哥斯达黎加（Costa Rica）、危地马拉（Guatemala）和泰国（Thailand）是作为赚取外汇的主要来源而兴起的。来自富裕但生态环境退化的外国旅游者花钱体验目的地国珍贵的生物多样性。这些国家实际上是在出售利用资源的权利，但是，这些潜在的资产——森林和生物多样性不是用来出售的。生态旅游允许东道国利用自然财富源源不断地赚取它们所需要的收入。这样做的目的是鼓励保存和保护生态系统财富，而不是为了摧毁它以便于在国际市场上出售木材和农产品。

在一定的限度内，生态旅游是一些自然资源得天独厚的发展中国家出售的一种服务。从这种意义上说，它是平衡富裕国家与贫穷国家之间关系的一种潜在力量。然而，关于生态旅游需要着重考虑的是它所产生的文化和社会影响，以及它所赚取的红利在东道国内部是如何分配的。在东道国内部公平分配生态旅游所得收入是十分重要的；否则，如果居民将不能分享保护自然环境的好处，就会缺乏保护自然环境的动力。这些是非常重要的，它们最终决定着生态旅游或促进环境保护的全球环境市场能否长期持续下去。然而，这主要取决于一国内部的财富和收入分配体制，不能在国际层面上解决。需要着重强调的是，对于气候变化或任何其他全球环境问题都是如此。《京都议定书》能够在国家间公平地分配温室气体减排的负担，但是，各个国家是唯一有权决定在其自己的居民之间如何分配温室气体减排的成本和收益的主体。

世界上大多数发展中国家都拥有丰富的自然资源——森林、矿藏、化石燃料和鱼类资源及相应的生物多样性。拥有如此之多的财富，这些国家怎么会不能满足基本需要呢？原因是现有框架下的全球经济缺乏认可和奖励自然财富的机制。这些国家将自然财富转化为资本的唯一途径就是破坏它。对于大多数发展中国家来说，这意味着在国际商品市场上出售资源，却获得很少的附加价值。例如，出售原木而不出售家具，出售咖啡豆而不出售咖啡。这就决定了发展中国家从它们的产品出口中获得很少的回报，却为进口制成品和服务而支付高昂的价格。依赖自然资源出口决定了发展中国家必然贫穷，同时还破坏地球上丰富的生物多样性。这种现象有一个名字：自然资源诅咒。它折磨着世界上一些生物资源最丰富和最多样化的国家。我们能不能把这个诅咒转变为机遇呢？

以公平与效率完美结合为唯一特性并以此同其他所有市场相区别的全球公共物品交易市场能够解决这一难题。世界已经警醒，意识到保护余下自然资本的必要性。多数保护环境的呼声都来自富裕国家，几个世纪的工业化过程已经给它们的环境账户造成了赤字。发展中国家则正好相反：它们的环境账户是黑字，但是金融账户却是赤字。它们的产出较少，却拥有世界上大多数仅存的森林和生物多样性。因此，两大集团之间进行贸易会使双方都从中受益。

全球生物多样性和温室气体减排一样，也是一种全球公共物品。一旦生物多样性受到了保护，所有国家都会从中受益，虽然受益程度会有所不同。世界各国不能根据它的收入和偏好来选择不同水平的全球生物多样性。这也是全球公共物品交易市场与其他所有市场的不同之处。为了使各国的需求——它的购买力同国际社会为它设定的生物多样性保护水平相一致，我们将不得不从富裕国家向贫穷国家转移财富。这样做不仅是为了公平，而且是实现全球公共物品交易市场效率的一个前提条件。

在发展中国家迫切需要发展的情况下，我们急切需要发展中国家实现高于它们所选择的生物多样性保护水平。这与《京都议定书》要求发展中国家签署高于其当前支付水平的全球温室气体减排承诺相类似。因为它非常重要，它使《京都议定书》有效地分配有益于发展中国家的温室气体排放权。因此，它能够公平、有效地促进生态系统服务的报酬流向发展中国家。

全球公共物品交易市场促进对生态系统服务进行支付。无论是理论还是实践，全球公共物品交易市场都不能模仿之前存在的任何其他市场。因为它们交易的是一种普遍消费的物品——大气的稳定性、生物多样性和市场创造的有利于贫穷国家的有效需求。在环保意识日益增强和资源需求不断扩大的时代，做得对的话，生态系统服务费可以成为平衡国家之间实力的一种力量，成为在富裕国家和贫穷国家之间创造公平竞争环境的一条途径。

然而，为了建立这些市场，我们必须决定由谁拥有这笔自然财富。市场不能交易产权不明晰的产品和服务。我们需要将这笔财富定义为公共财富，然后将使用者权力分配给最需要它们的国家。这正是《京都议定书》为大气所做的。它为全球大气这个公共物品创造了使用者权力，并以有利于发展中国家的方式分配这些使用者权力。

在《京都议定书》签署之前，温室气体排放者们主张无偿使用地球上的财富——我们共同的财富，并将它作为私人财产。由于向大气中排放温室气体，大气的气候调节能力被削弱了。几十年来，国际石油公司、跨国木材公司、生物制药公司和农业巨鳄，甚至是富裕国家本身，一直以同样的方式掠夺地球上的自然财富。将这笔财富重新确定为我们共同的财产以及共同公平地享用这笔财富的时机已经到了。

7.2.3 《京都议定书》指明了道路

原则上，为生态系统服务付费为保护和投资于地球自然财富提供了激励，这与芝加哥气候交易所（见本书第 86 页）等建立在美国国土上的自愿碳交易市场的作用相同。要以可持续发展方式实现这一目标：

- 必须加强生物多样性的保护。
- 必须鼓励对全球生物资源的可持续和公平利用及利益共享。
- 这笔费用必须能够在金融上自我持续，并能整合地方社区、政府和私人部门的利益。
- 这笔费用必须满足发展中国家的基本需要，尤其是要满足贫困人口、妇女、土著和本地社区的基本需要。

这些原则组合在一起就构成了一项最高准则。生态系统服务付费能够胜任吗？它们确实取得了一些成就，但是，众所周知，没有合适的市场结构，包括产权分配，生态系统服务付费和其他自愿交易市场都将一事无成。其他的金融机制或市场都不能满足这些条件，只有《京都议定书》的碳交易市场符合上述所有原则。那么，再一次强调，任何其他市场都不能直接作为交易地球财富的机制。

碳交易市场是生态系统服务付费在国际层面上运行的最高形式。通过《京都议定书》的 CDM，在发展中国家那些提供合法认证的碳补偿项目可以从发达国家的碳排放者那里获得收入。坏人补偿了好人；富裕国家向贫穷国家付费。正是由于全球公共物品的独一无二的特性，这个市场是公平的，也是有效的。

《京都议定书》及其积极应对气候变化的创新性经验为解决其他全球环境问题提供了启示。它将公平与效率有机地结合起来，为保护地球上濒危的生物多样性提供了一个范式。因此，拯救《京都议定书》比单纯阻止气候变化更危急。

我们已经阐明了，《京都议定书》具有创新性的碳交易市场就是生态系统服务付费原则在实践中的最好例证。《京都议定书》的碳交易市场提供了：

• 一个奖励少排二氧化碳者、惩罚超额排放者的碳价格信号，这样有助于缓解全球变暖问题。

• 一种不用捐款或建立全球征收碳税的机构就能资助减排的手段。它是自给自足的。

• 一种通过 CDM 以高效和清洁投资的方式从富裕国家向贫穷国家转移财富的手段。

我们能将《京都议定书》的潜能运用于其他目前出现生态危机的领域吗？是的，但是只有当我们能够拯救《京都议定书》的时候。如果全球社会能够解决气候危机——人类文明以来面临的最大挑战，我们就能够解决其他全球性的环境问题，如水资源短缺和生物多样性减少。一切皆有可能。

7.3 结　　语

自有人类历史以来，地球的未来第一次这样安危未定，第一次这样严重失衡。发展中国家就位于这个失衡天平的一端。发展中国家是世界上绝大多数人口、森林、生物多样性、语言、文化及本土知识的家园。未来依赖于我们能否保护这些珍贵资源和消除全球差距[①]。我们知道，“一切照旧”是破坏环境的一种借口。如果发展中国家继续沿着发达国家两个世纪以前所开辟的道路前进，地球总有一天会变成不毛之地。富裕国家的工业化道路可以说是有利有弊。这条道路给世界上的少数人带来了惊人的财富和繁荣的同时也给地球带来了生态破坏。我们如何才能对世界上的大多数人关闭这条道路，而又使他们通向繁荣呢？还有通向未来的其他道路吗？

我们制造了一个多么大的麻烦。富裕国家与贫穷国家对资源利用权的争夺定义了21世纪新的地缘政治学。怎么才能消除它呢？富裕国家可以尝试和利用它们的权力与财富控制世界上的濒危资源，或者它们可以同发展中国家一起开辟出一条清洁发展之路。富裕国家也可以尝试保持它们现有的生活方式，而谴责发展中国家的贫穷，或者它们减少对生物圈的需求，给发展中国家留出发展空间。21世纪冲突的含义就是对世界尚存资源的争夺。工业化国家可能会企图攫取这些资源的控制权，就像它们企图给发展中国家强加温室气体排放上限一样，但是，这是不会得逞的。

所以，在这种情况下，美国反感《京都议定书》的原因就可以解释了。美国至今还不想改变自己的道路，然而，如果其他国家都模仿它的增长方式，那是非常可怕的。美国发现，对中国及其日益增长的能源需求或者对印度过多需要供养的人口指手画脚比面对自己的资源依赖更容易。就像一个吸毒者在康复时期的反复期一样，我们必须最终认识到，根本的问题和解决办法取决于内部因素。但是，要从气候灾难中拯救我们所有人，这个顿悟是不是出现的太晚了？

无论富裕国家付出多大努力试图保持它们现有的发展方式，都不会管用的。即使富裕国家拒绝所有发展中国家利用大气，仅工业化国家生产和消费引起的温室气体排放就足以把地球烤焦。没有发达国家的一场能源革命，就没有一条通向未来之路。这场能源革命到底需要什么？

化石燃料与我们的能源系统紧密相连，所以我们不可能一夜之间摆脱对

① 见参考文献 Chichilnisky（2009a）。

化石燃料的依赖。水电目前只占世界能源总消费量的6%，核能也差不多同样比例。可再生能源只占世界能源总产量的1%。能源效率是一个具有巨大潜力的资源，但是它也不能彻底解决我们所面临的问题。在中期，急剧减少化石燃料利用是非常困难的，然而，这就是我们必须要做的。这就充分说明了利用新技术从化石燃料工厂排放的废气中或直接从大气中吸取并安全地储存二氧化碳的益处。

然而，这些技术不能成为下一步使我们的能源系统彻底摆脱对化石燃料的依赖的必要和积极行动的替代物。要做到这一点，我们需要一个强烈的价格信号——为节约利用化石燃料提供正确的激励机制的排放二氧化碳的成本。对于工业化国家来说，价格信号来自于《京都议定书》给它们设定的二氧化碳排放上限。对于发展中国家来说，价格信号来自于《京都议定书》的CDM及其产生碳排放而不是碳补偿的机会成本。捕捉和储存碳的技术优势在于它不干扰价格信号，而其他权宜之策都会干扰价格信号。例如，在找到石油的替代品之前，在美国阿拉斯加保护区恢复石油钻探以减轻较高的能源价格带来的负担的压力越来越大。这是与气候政策的基本原则相矛盾的，也与减排目标背道而驰。为了降低石油价格而增加石油供应，将会破坏提高能源效率和投资可再生能源的激励机制[①]。更多地开采石油只是应对较高能源价格的一个权宜之计，而不是一个为未来建立稳定的气候系统的权宜之计。

建立能够将可再生的清洁能源输送到千家万户和各个工厂的新的能源基础设施需要时间——我们没有这个时间。如果全球社会在气候变化初见端倪之时就立即采取行动，我们现在应对危机也许会有更多的选择。在缺乏强烈的价格信号的情况下，等待新技术奇迹般地出现无异于“等待戈多”[②]。设想每年在能源利用和能源技术方面的进步使我们得出了荒谬的结论。因为气候变化是一个长期危机，而且可以预期的和无情的技术进步会使将来进行减排更容易，也更便宜，因此，在解决气候变化问题之前，最好的

---

① 增加在阿拉斯加钻井不会对全球石油价格产生明显影响，因为通过钻井增加石油供给对目前的石油供给影响很小。

② 来自萨廖尔·贝克特的戏剧《等待戈多》里的场景——最终，备受期待的人还是没有来。——译者注。

办法好像就是等待[①]。这种关于技术进步的观点使我们对如何设定近期的排放上限问题提出非常谨慎的建议。如果你认为问题会随着时间的推移而自动得到解决，那么，等待似乎是一个不错的选择。但是，等待恰恰是我们所不能冒的风险。

获得碳价格权利是应对气候变化的第一步。这就是为什么在没有形成确定的全球碳排放上限来加强和维持价格信号之前我们不能让《京都议定书》和它的碳交易市场在2012年后消失。但是，如果我们现在就开始有意识地、精心安排技术开发计划，新的能源技术就能够把我们带入未来。等待技术进步的"机器之神（deux ex machine）"[②] 只能使我们在未来巨大的代价面前面临更少的选择。[③]

应对气候危机需要协调、有计划地对研究与开发活动进行投资。我们需要一个为21世纪开发新能源技术的曼哈顿计划（Manhattan Project，第二次世界大战期间，美国、英国和加拿大联合开发第一个核武器的计划）和一个新政（New Deal）——一个建设基础设施来支持曼哈顿计划的真正的绿色新政。正如最新研究显示，通过从富人到穷人、从储蓄者向消费者的收入转移和再分配，循环利用在国内碳交易市场上出售碳许可所得的收入能够切实地刺激经济增长[④]。价格信号一直在显示着它的魔力，为私人部门开发未来产业提供激励，同时，CDM将这些优势转移给了发展中国家。但是，没有国家会独自做出这种雄心勃勃的努力，除非它的努力被纳入一个解决气候变化的更大的全球努力之中。

新技术可以促进新的投资，节省消费者的支出，促进生产性的研究与开发和对其他部门的外溢效应，创造新的就业，有利于减少能源进口，并扩大技术出口。第二次世界大战以来，对军事技术的大规模公共投资带来了喷气式飞机、半导体、产业和家用互联网的广泛应用，这也是美国拥有全球技术优势的原因之一。如果世界上的其他国家在没有美国参与的情况下沿着《京都议定书》的道路继续前行，美国就有丧失其技术优势的危险，除非它

---

①③　见参考文献Ackerman等（2009）。

②　Deux ex machina是一个拉丁语词组，意思是运用机关从舞台上方送下来的神，这个神的作用一般是化解戏剧中的矛盾。当剧情按照自身的逻辑遇到不可解决的冲突的时候，剧作者只能从天上降下这么一个神，来化解戏剧的冲突。一般指意外介入扭转局面的人或事物。——译者注。

④　见参考文献Boyce，Riddle（2007）。

精心策划（和投资）一条新的技术路线[1]。

更为复杂的是，美国等国家必须在金融动荡的环境下兑现其解决气候变化问题的承诺。多年来，对全球金融市场的放任、针对气候变化鼓励自律和保守的措施使全球经济一蹶不振。对于2009年哥本哈根会议上的气候谈判，这是一个非常不祥的预兆；如果欧洲人已经发出了弱化他们对《京都议定书》的承诺的信号，他们到达哥本哈根可能会引起更大的振动。在大萧条（Great Depression）以来最严重的经济危机时期，巴拉克·奥巴马能够完成积极的气候立法并使美国重返《京都议定书》吗？承认气候危机的美国前总统比尔·克林顿（Bill Clinton）在20世纪90年代经济高速增长时期都未能做到这一点。前景不容乐观。

向前大踏步前进的条件已经成熟。当所有外在条件都非常有利的时候，说服人们改变他们的生活方式仍然很难。在最坏的结果将出现在遥远的未来的情况下，让人们了解气候危机的紧迫性一直以来都是非常困难的。但是现在，在全球经济低迷时期，每个人都认识到了变化的必要性。当我们开始重建经济的时候，有一点是清楚的，即我们不想再回到过去。如果各国政府面对全球性的经济衰退不得不花钱刺激他们的经济和保持就业，他们也应该能花钱改变我们的能源基础设施，为新千年建立一个新的能源系统。当我们看到世界上的主要国家政府试图挽回巨额的损失而向金融市场注入巨资的时候，我们认识到：一些危机太严重了，以至于只有政府才是能够有效应对的唯一主角。而且，当我们目睹金融危机在一个又一个国家蔓延的时候，我们意识到，世界并不像我们所想象的那么大，我们是连在一起的。

《京都议定书》的神奇之处就在于它可以在不给全球经济增加净成本的条件下扭转全球变暖的危机。它的碳交易市场通过利用有效的自由市场机制解决了向全球环境中排放温室气体的成本问题。《京都议定书》不需要任何捐赠来支持它的运行，就能够做到这一点。相反，它的碳交易市场创造了一笔新的财富，可以用于资助能够增进全球能源和财富的各种项目，从而有利于缩小贫、富国家之间的收入差距。

《京都议定书》确实需要完善：将CDM清洁技术项目的范围扩大到

---

① 见参考文献 Ackerman 等（2009）。

“负碳”技术，必须降低包括美国在内的全球排放上限，通过本书所提出的新的金融体系正确对待发展中国家的温室气体排放。我们能够做到这一点。它是可能的，并最终可能发生。

保持《京都议定书》独一无二的神奇特征是我们当前所面临的最大挑战。《京都议定书》可以整合各国利益，缩小收入差距，拯救我们于气候变化风险之中。余下的问题是，全球社会要拯救《京都议定书》吗?

第 8 章

两颗抑制不住生长的种子

2009 年 12 月，联合国气候谈判在哥本哈根第 15 次缔约方会议上再次举行。哥本哈根会议承载着人们巨大的希望，但它却以充满挑战甚至有点令人失望的结局而告终。然而，和往常一样，哥本哈根会议上的主要气候谈判都是秘密进行的，具体过程不为公众所知。

哥本哈根会议埋下了两颗种子，现在仍在强劲生长，最终会成为一个解决气候危机的全球方案。本书的前几章已经提到这两颗种子。它们会茁壮成长，不可抑制，就像美国童话《杰克与魔豆》中的那些种子一样，最终会遍地开花结果。

第一颗种子是一项每年 2 000 亿美元的“绿色能源基金”建议。“绿色能源基金”由本书作者设计，并在哥本哈根第 15 次缔约方会议上受到了美国国务院的关注。它包括公共的和私人的基金（碳交易市场及全球金融体系）。第二颗种子是由本书作者提出的对《京都议定书》CDM 的改革，即资助“负碳”技术。CDM 是《联合国气候变化框架公约》规则的组成部分。世界银行的文献显示，2005 年以来通过 CDM 已经向贫穷国家转移了 500 亿美元。我的建议是对 CDM 进行改革，使它能够资助发展中国家的“负碳”技术。

我关于“绿色能源基金”的建议经过修改后获得了成功。在我以书面形式将它提交给美国国会的两天后，美国国务卿希拉里 · 克林顿（Hillary Clinton）在 2009 年 12 月召开的哥本哈根会议上正式宣布了该建议。它的某些方面已经被调整。两年以后，也就是 2011 年 12 月在德班（Durban）召开的第 17 次缔约方会议上，每年 2 000 亿美元的“绿色气候基金”正式启动，世界各国同意将它作为应对全球气候变化的一个解决方案，它也是全球气候谈判的主要希望所在。此外，我在哥本哈根会议上倡导的 CDM 改革仍然不断向前推进，它可以为扭转气候变化的技术途径提供强有力的支持。CDM 和《京都议定书》已经在为“负碳”技术提供资助。

在哥本哈根会议上发生了什么？什么是绿色能源基金？现简要说明如下。

全世界对哥本哈根第 15 次缔约方会议寄予了厚望，但是它却没有兑现它的承诺。它开始的基础和组织结构就不是很牢固，又经历了漫长的路途才进入这一年度盛宴的殿堂。人们看到许多外交官和来宾站在雨中等候数小时，日复一日，从而感觉此次谈判比以往任何一次都要艰难。人们甚至听到负责安全保卫工作的警察（其中有一些还是来自瑞典的）说“这是无法以诚相待的事情”。持反对态度的示威者都被逮捕了。最为糟糕的是，从这一应该推进全球气候谈判的年度盛会上看不到任何积极的官方表现。这次会议在加快全球气候谈判议程方面没有多少进展。有的只是富裕国家同强烈支持《京都议定书》的贫穷的发展中国家之间永无休止的争吵。富裕国家不想接受在即将于 2012 年失效的《京都议定书》规定的基础上再增加排放限制。美国是主要的症结所在：它是世界上最大的排放国，当时的排放量超过中国，占全球排放总量的 25% 以上，它签署了但却没有批准《京都议定书》。在哥本哈根会议上，美国尽其所能破坏《京都议定书》。借口是美国公众和立法者认为《京都议定书》是为发展中国家制定的，因为《京都议定书》只对 OECD 的富裕国家规定了排放限制，而发展中国家辩驳的理由是贫穷国家人口占世界的 80%，而其碳排放只占世界的很少一部分。历史的公正性是另一个争论的焦点——富裕国家只拥有世界 20% 的人口，但却是全球气候变化问题的始作俑者，因为它们在历史上乃至今天消费了地球上的大部分化石燃料，排放了世界 70% 以上的二氧化碳。

在哥本哈根会议上，工业国家致力于找到一种解决方案，即资助位于或低于海平面的贫穷国家，如孟加拉国和马尔代夫等小海岛国家，减轻气候变化给它们带来的损失。虽然我也支持事后减轻损失的做法，但是在哥本哈根会议上我更强调找到避免出现最坏结果的途径。这需要资助减少大气中二氧化碳的活动，因为大气中的二氧化碳浓度已经太高了，而且它会稳定在这个浓度几百年。只有减少大气中二氧化碳的“负碳”技术才能阻止最坏的结果出现。为了资助这种技术，在哥本哈根第 15 次缔约方会议上，《京都议定书》的 CDM 启动了一项机制，即引导目前每年在《京都议定书》碳交易市场的官方机构——EU ETS 交易的 2 150 亿美元支持“负碳”技术的发电厂。2005 年以来，CDM 已经向发展中国家转移了近 500 亿美元资金。发电厂是二氧化碳的主要来源地，运用适当的技术，如“全球自动调温器”（www. globalthermostat. com），它们也可以被转化为碳汇（carbon sink）。在哥本哈根会议上，我作为巴布亚新几内亚代表团的一员，与代表团的谈判代表凯文·康拉德（Kevin Conrad）一起工作。我向美国财政部能源事务助理秘书威尔·皮泽（Will Pizer）提出了绿色能源基金方案，他当天就将我的书面建议转给了美国国会气候变化副特史乔纳森·珀欣（Jonathan Pershing）。为了使这一记录不被丢失，应菲奥娜·哈维（Fiona Harvey）之邀，我在《金融时报》网络版上发表了该方案。让我高兴的是，两天以后美国国务卿（The U. S. Secretary of State）希拉里·克林顿（Hilary Clinton）发表了同意这一建议的声明。在声明中，希拉里·克林顿（Hilary Clinton）提到，美国将提供 1 000 亿美元的基金用于资助发展中国家。美国的声明是向前迈出的令人可喜的一步。它改变了谈判的气氛，但是它又有些含糊不清，且没有任何承诺。在筹备哥本哈根会议的早期，美国曾提出，到 2020 年将排放量在 2005 年的水平上减少 17%。在哥本哈根会议上，美国宣布它的减排目标是比 2005 年的排放水平减少 19%。这是另一个积极的信号，但是与欧盟在 1990 年排放水平的基础上减少 20% 相比，美国的减排量只有 4%。这可能不会有一个积极的结果。在哥本哈根会议上，尼古拉·萨科齐（Nicholas Sarkozy）总统强调，对于发达国家来说，在以后的 24 小时之内达成一个积极的协议是非常重要的。下面提出的建议同希拉里·克林顿在哥本哈根会议上宣布的之前我提交给美国国会及美国财政部的建议相同，所提供的解决方案能够被发展中国家和发达国家双方接受。它涉及每年 2 000 亿美元的私人和公共基金。这个建议能够让欧盟接受，并且有助于形成完全以市场为基础的解决方案，这一解决方案对工业化国家和发展中国家都有利，尤其是对非洲、拉丁美洲及小海岛国家等低排放国家有利。仔细推敲，是我所设计及纳入《京都议定书》中的碳交易市场使这一建议成为可能，碳交易市场为私人部门在清洁能源领域创造了前所未有的获利机会。从这个角度来说，这个建议还推进了一个始于巴厘会议、在哥本哈根会议上得到发展的进程——把美国带回《京都议定书》谈判的进程。

我的建议要求建立每年2 000亿美元的私人/公共基金用于资助在发展中国家尤其是在低排放的非洲、拉丁美洲和小海岛国家建立绿色发电厂。该建议的修订版在南非德班举行的第17次缔约方会议上投票通过，并得到了包括美国、巴布亚新几内亚、哥斯达黎加和加纳等在内的许多国家的支持。它符合美国涉及私人部门和遵循市场机制的政策，也满足了发展中国家保护具有约束力排放限制的《京都议定书》的完整性的愿望。

我所提出的每年2 000亿美元中的大部分将来自《京都议定书》的碳交易市场和私人部门。所以，重要的是要说明怎么才能让私人部门开始行动和提供所需要的资金。理由离不开具有所有市场之母之称的能源的关键作用。

世界经济中的能源需求不断扩大，而且目前新增的需求主要来自发展中国家。能源产业以战略机遇著称，这使得获利活动向新的开发区扩张，因为那里的需求最旺盛。然而，新开发区资金短缺是一个大问题。现在，这个问题可以通过运用碳交易市场和它的CDM提供的资金建立“绿色”发电厂而得到解决。最近，IPCC主席帕乔里（Pachauri）博士为一种类似的技术做宣传。他说：“现在从空气中吸取碳对扭转气候危机是十分必要的。运用这种技术，我们在扭转气候危机的同时还可以获得经济发展所需要的绿色能源，减轻气候变化给发展中国家带来的损失。因为空气在世界上是均匀分布的，所以所有国家、所有地区都能获得吸取碳的原材料。这些“负碳”技术发电厂可以使各国吸取比它们排放的还要多的碳，并通过CDM将这些碳转化为碳信用和现金。因此，这种解决方案可以使那些排放很少、至今从CDM获利较少的非洲、拉丁美洲国家和小海岛国家获得资助。”

绿色能源基金是一种创新的金融机制，它可以为在发展中国家建立绿色发电厂提供私人/公共基金，尤其是为那些低排放国家提供资助，如非洲、拉丁美洲和小海岛国家。该金融机制由每年2 000亿美元的基金组成，专门用来资助在发展中国家建立绿色（“负碳”）发电厂。该基金依赖于我所设计并在《京都议定书》中起草的碳交易市场及其CDM，因此，是建立在对工业国家有约束力的合法的排放限制基础之上的，也符合大部分气候谈判方的目标，包括77国集团。同时，该解决方案可以增加来自私人部门的资金，从而可以明显地增加附件一所承诺的资源数量，这也会解决附件一国家面临的财政困难。由于该项“负碳”的碳捕捉技术对低排放者特别有利，因此，该计划也符合小海岛国家、非洲和拉丁美洲国家的意图，并能够给它们带来巨额的 CDM 投资。截至目前，这些国家获得的 CDM 资助还非常有限。

这项建议的实施取决于能否将新的“负碳”概念纳入全球谈判。这意味着要建立一些新的发电厂或其他项目，它们从大气中吸取的碳比其排放的还要多。在哥本哈根会议上，我介绍了对 CDM 的修改方案，它被提交给了科技管理部门的附属机构（the Subsidiary Body for Scientific and Technology Administration）进行技术审查和审批，并在第 17 次缔约方会议上获得投票通过。

从金融的角度看，绿色能源基金是一种创新的金融机制，其工作原理如下：附件一国家将承诺和保证每年 2 000 亿美元的基金用于该目的，它们已经抵押的资金（约为 100 亿 ~ 250 亿美元）将被用于覆盖基金中的最低额度，也是“最具风险的部分”。次级风险部分将由需要绿化其投资组合的附件一国家的养老金来覆盖。基金的其余部分将来自于全球资本市场，从而进一步扩大公共资金。OECD 国家的能源工业将为发展中国家经营和将来发展它们自己的工厂提供技术、技术诀窍与培训，同时还希望能够为它们完善立法体系提供支持。绿色能源基金的主要受益者是那些排放最少的非洲、拉丁美洲国家和小海岛国家，大部分新电厂也将建立在那些国家。基于此，我在哥本哈根会议上向与巴布亚新几内亚合作的 CDM 工作组介绍了这一最新方案，这一方案一旦被采纳，将允许 CDM 投资“负碳”项目，这些项目将从大气中吸取比它们排放的还要多的碳。

美国和英国的投资银行已经表现出对增加私人基金的浓厚兴趣，它们应该对绿色能源基金做出非常现实的考虑，因为所有投资都要在基金的管理者——《联合国气候变化框架公约》（UNFCCC）及其碳交易市场和 CDM 的严格控制之下进行。

哥本哈根会议是全球气候谈判过程中的关键步骤，它提出了一个解决方案，推动全球经济步入绿色能源发展轨道。未来会告诉我们国际社会能否把握住这次使世界经济获得双赢的机会。

8.1　哥本哈根会议之后收获了什么

哥本哈根会议之后，联合国至少又召开了三次气候大会，即 2010 年的墨西哥坎昆（Cancun）会议、2011 年的南非德班（Durban）会议和 2012 年的卡塔尔多哈会议。不久，在波兰的华沙召开 2013 年会议。

坎昆会议的议程变得比较轻松——集中于一些细节和自愿表达，没有实质性的减排承诺，很明显，世界上最大的两个排放国——美国和中国都会同意这样的方式。由于这种自愿表达的合作方式，坎昆会议一开始就得到了美国的支持。在毫无结果的哥本哈根会议之后，悲观的预期成为主流。在墨西哥第一海滨度假胜地——坎昆进行了两周的讨论之后，世界各国政府就前进的步调达成一致。所谓的《坎昆协议》为 80 个国家（包括所有主要的经济体）建立了减排目标，中国以及美国、欧盟、印度和巴西都签署了 2020 年以前的自愿减排目标。世界各国一致认为，如果再使平均气温升高超过 2 摄氏度（450 ppm），就可能会导致气候发生灾难性的变化。

有趣的是，《坎昆协议》使我的第一颗哥本哈根“种子”得以生长——它们认可了用“绿色气候基金”资助能够限制和扭转气候变化的行动，它还不顾发展中国家的主张而指定世界银行作为受托人。世界银行是一个受到全世界反对的布雷顿森林体系（Bretton Wood Institution），因为它受控于美国，并奉行“一美元一票”的规则，而不是像联合国那样实行“一个国家一票”的规则。

在《坎昆协议》中，我的两颗种子都发芽了。《坎昆协议》建立了一个“绿色气候基金”，为缓解和扭转气候变化提供资助。其中，富裕国家的代表提出了一个目标，即 2020 年以前每年筹集 1 000 亿美元用于资助发展中国家缓解并扭转气候变化，这个基金包括了私人的和公共的基金，即碳交易市场和私人投资，就像我最初于 2009 年 12 月所建议的那样。所不同的是，我的“绿色能源基金”专门针对占全球碳排放量 50% 的电力部门。“绿色气候基金”致力于缓解，而“绿色能源基金”致力于预防。

此外，《坎昆协议》还肯定了我的第二颗哥本哈根“种子”——改革

CDM 和《京都议定书》中其他“以市场为基础”的机制的努力，所以它能够资助那些在 CDM 框架下可以合法获得 CDM 碳信用的碳捕捉项目。它再一次以修订稿的形式被认可，尤其是“碳捕捉和储存（CSS）”。“碳捕捉和储存”是一种有点过时的技术，由于碳储存可能会存在风险，所以不太被看好。目前有一种直接从空气中捕捉碳的新技术，它是“负碳”的，并将捕捉的 CO_2 用于商业用途，而不是储存（参见 Global Thermostat，www. globalthermostat. com）。

除我所播种的两颗种子以外，坎昆会议只取得了很少的实际进展，没有寻求和达成全球的一致。G20 会议和“主要经济体论坛”（The Major Economies Forum）按照同一原则同时举行，即一切都在强国的掌控之中，它们自愿表达目标，没有强制的排放限制，美国方面也只采取微小的既没有全球影响也没有实际责任的实际行动。其他主要的排放国（中国除外）服从《京都议定书》的规定，因而可以执行令人满意的排放限制。

两个主要原则在《坎昆协议》中得到了认可：（1）所有国家必须承认它们的历史排放（主要指工业国家）；（2）所有国家应该为它们的未来排放负责（主要指新兴经济体）。这个成绩虽然不大，但对双方来说都是一个进步。

8.2 《京都议定书》在德班会议上得以拯救

2011 年 12 月，世界各国在南非的德班（Durban）举行会议。德班会议恢复了更为现实的气氛。这次会议再次启动了围绕联合国《京都议定书》的全球谈判，本书的预言已经成为过去。《京都议定书》在德班会议上获救了。在德班会议上，世界各国同意继续执行《京都议定书》的碳排放限制，它原定于 2012 年失效，现在延迟至 2015 年。此外，还形成了一个关于德班会议后继续全球气候谈判的“授权”——这个“授权”要求在 2015 年形成一个包括世界上所有国家的全球协议，到 2020 年形成强制排放限制。

这个在德班会议上形成的“授权”也是一种“为了达成协议的协议”，它与导致 1997 年签署《京都议定书》和形成碳交易市场的 1996 年的《柏林授权书》类似。

在执行方面，我在哥本哈根会议上播下的两颗种子在德班会议上快速成长。会上，所有国家投票通过了“绿色气候基金”——我于 2009 年哥本哈根会议上提出的每年 2 000 亿美元的“绿色能源基金”的修订版。该基金一部分来自碳信用支持的公共基金，一部分来自资本市场上的私人基金。这在结构上和数量上同我的建议都是一致的。德班“绿色气候基金”与我的“绿色能源基金”之间唯一不同的是，德班“绿色气候基金”以向发展中国家供电为重点。“绿色气候基金”主要资助发展中国家减轻和扭转气候变化。这些都非常重要，但是它们都需要能源，所以“绿色气候基金”与我在哥本哈根会议上播下的第一颗种子——“绿色能源基金”殊途同归。这颗种子具备了不可抑制生长的能量，它最终会开花结果。

在德班会议上，世界各国同意“绿色气候基金”的一般概念，但却声称它们不知道钱从哪里来。正如我所设想的，钱来自每年交易额达 2 150 亿美元的《京都议定书》的碳交易市场，因此，这笔资金使得“绿色能源基金”变成了现实。然而，政治风云却很难使美国接受《京都议定书》的碳交易市场就是救世主和提供所需资金这一事实。美国的立法者和批评家们一直害怕《京都议定书》的碳交易市场。但是，碳交易市场目前已经成为欧洲、亚洲、大洋洲和北美洲四块大陆上部分国家和地区的强制法律，如欧盟排放交易计划、日本、澳大利亚等。即使是在美国，2012 年以来碳交易市场已经成为加利福尼亚州和东部 14 个较小的州的强制法律。2013 年 5 月，奥巴马总统为占美国碳排放总量 45% 的所有发电厂设立了排放限制，为建立美国联邦碳交易市场奠定了基础。这是美国有史以来第一次设立碳排放限制。

在 2011 年的德班会议上，世界各国接受了 CDM 概念并同意修改它，使它可以用碳信用资助碳捕捉项目——这也是我在哥本哈根会议上提出的第二个建议。两颗种子都在茁壮成长。它们就像是童话故事《杰克和魔豆》中的一样，它们无法被阻止。最后，它们会把我们带入一个新的世界。

8.3 2012：“里约 +20”峰会上的可持续发展与多哈 COP18

2012 年 6 月，在联合国纪念 1992 年里约热内卢“地球首脑会议”召开

20 年之际，世界各国再次在巴西的里约热内卢举行会晤。

在 1992 年的里约“地球首脑会议”上，150 个国家投票通过了我在《巴利罗切模式（Bariloche Model）报告》中提出的“基本需要”概念，并将它作为经济发展的主要目标。“基本需要”成为定义可持续发展的基石。事实上，《布伦特兰委员会报告》将可持续发展定义为“既能满足当代人的需要，又不对后代人满足其自身需求的能力构成危害”的发展道路。可持续发展就是这样的一个概念，它改变了我们的经济、科学乃至哲学世界观，我在 1996 年撰写的《什么是可持续发展》一文中为它建立了正式的理论。这一概念的重要性不断得到提升。2009 年，G20 正式将可持续发展确定为全球经济发展的主要改革方向。

在“里约 +20”峰会上，我们举行了“关于绿色能源基金的联合国官方分会”，着重讨论“里约 +20”峰会的核心议题，即如何资助全球范围的绿色经济和如何保证所有国家都能有获得可持续能源的机会。该分会由我创建的哥伦比亚大学风险管理联盟（Consortium for Risk Management）和地球研究所（the Earth Institute）主办，由全球温控器有限责任公司（Global Thermostat LLC）承办。会议主要审议了我关于“绿色能源基金”的建议，即促进欧盟排放交易计划中每年 2 150 亿美元的交易额杠杆化，使它能够资助发展中国家的“负碳”发电厂。“绿色能源基金”是我在 2009 年的哥本哈根第 15 次缔约方会议上播下的种子，在 2011 年 12 月召开的德班第 17 次缔约方会议上被正式采纳。

全球温控器有限责任公司开发了一种技术，这种技术可以利用发电厂的余热捕捉比发电厂排放的还要多的二氧化碳。这种技术是“负碳”的，它以一种有利可图的方式生产低成本的 CO_2。全球温控器有限责任公司已经建立了几座“负碳”发电厂，通过碳交易市场的 CDM 提供的碳信用最终会得到利用。这是我在哥本哈根第 15 次缔约方会议上播下的第二颗种子，它目前已经被《联合国气候变化框架公约》的缔约方正式批准，用于资助在贫穷国家（包括那些不是主要排放者的岛屿国家）建立“负碳”发电厂。有了这种技术，即使是岛屿国家，也可以获得碳信用，获得 CDM 资助，因为它们可以捕捉比它们排放的还要多的二氧化碳。最终的目的是要提供清洁能源——促进经济发展而同时降低大气中的二氧化碳浓度。

利用全球在欧盟排放交易计划碳交易市场上每年2 150亿美元的交易额为“绿色能源基金”提供资金，国际社会可以撬动巨额私人和公共资本来资助发展中国家尤其是最不发达国家与小海岛国家的“负碳”技术。这还可以把全球的能源部门纳入可持续发展的制度框架，并刺激绿色经济的发展，进而直接解决气候变化问题。

里约+20峰会检验了“绿色能源基金”是如何为向可再生能源经济迅速转换提供资助的？最初的“绿色能源基金”在第17次缔约方会议上被采纳时变成了“绿色气候基金”。但是，“绿色气候基金”的资助机制还很不确定。相比之下，最初的“绿色能源基金”具有明确的资金来源，它可以撬动现有碳交易市场上每年2 150亿美元的私人和公共资本来资助发展中国家的“负碳”发电厂。“绿色能源基金”可投资于具有投资级别的公司，根据《电力购买协议》（Power Purchasing Agreements，PPAs）或者《承购协议》（Off－Take Agreements）在非洲、拉丁美洲和小海岛国家建立“负碳”发电厂，随着时间的推移，这些投资会由《京都议定书》的CDM提供。

8.3.1　在多哈第18次缔约方会议上《京都议定书》第二承诺期启动

2012年12月，第18次缔约方会议在多哈举行。在会议最后的新闻发布会上，《联合国气候变化框架公约》执行秘书长克里斯蒂娜·菲格雷斯（Christiana Figueres）女士指出：“今天是历史性的一天。在这一天，我们启动了《京都议定书》第二承诺期。为了这一天，有关各方已经奋战了7年。”

8.3.2　截至目前，碳交易市场已经发挥了重要作用，但还需要扩展

截至目前，《京都议定书》建立的全球碳交易市场在扭转气候变化和促进可持续发展方面已经发挥了重要作用。世界银行年度报告《碳交易市场的现状与趋势》指出，通过CDM，《京都议定书》已经向发展中国家提供了500亿美元的资金用于资助它们的清洁技术项目，这些项目减少的碳排放

量相当于欧盟总排放量的40%。

与其成就同样令人印象深刻的是，碳交易市场及其CDM需要改革。CDM的大多数项目都投在了中国和印度，拉丁美洲、非洲及小海岛国家却只得到了很少的项目，而资助这些国家对未来的发展与减少碳排放都会产生更明显的效果。为什么会产生这么大的偏差呢？

原因很简单，按照目前的设计，《京都议定书》的CDM只资助能减少现有排放的项目。中国和印度有巨大的排放量可减少——这两个国家的排放量合计超过了全球总的人为碳排放量的25%。相比之下，非洲、拉丁美洲和小海岛国家目前的排放量很少：非洲的排放量占全球排放总量的3%，拉丁美洲占5.5%，小海岛国家只占0.3%。算法很清楚：由于非洲、拉丁美洲和小海岛国家排放的很少，因此，它们只能得到很少的CDM项目。解决这个问题的办法是如下文所述的“负碳”技术。

8.3.3 “负碳”技术可以显著扩大碳交易市场及其CDM的影响

我们应该如何运用CDM去支持拉丁美洲、非洲和小海岛国家的清洁项目呢？办法很简单，也是全新的：“负碳”技术。

“负碳”技术可以捕捉比其排放的还要多的碳。一个典型的案例是齐切尔尼斯基（Chichilnisky）教授和她的哥伦比亚大学同事彼得·爱森博格（Peter Eisenberger）博士（著名的物理学家、贝尔实验室前研究员、哥伦比亚大学地球研究所的奠基人和首任所长）2008年共同创立的全球温控器有限责任公司（GT）。GT发明了从空气中捕捉碳的“负碳”技术，从而将化石燃料发电厂转化为纯粹的碳汇。例如，一座原来每年排放100万吨二氧化碳的发电厂，采用GT碳捕捉技术后就成为了一个每年捕捉100万吨二氧化碳的碳汇。GT方法是利用发电厂的余热，即所谓的“过程热”，把捕捉二氧化碳与电力生产结合起来。这样，发电越多，减少的碳也就越多。GT方法不仅仅适用于化石燃料发电厂，它还适用于太阳能发电厂。事实上，任何热源都可用来从空气中捕捉碳。它为太阳能发电厂创造了一项新的收入，而且能够促进向可再生能源发电厂及太阳能经济的转换。运用GT方法的热电联合生产、聚焦式太阳能热发电厂（concentrated solar plants，CSP）等可再生能源发电厂就成为了更为有利可图的大型碳汇。捕捉到的二氧化碳不必掩埋，它可以用来养殖能够生产汽油和净化水的藻类。

8.3.4 “绿色能源基金”可以促进“负碳”技术在全世界范围内的应用

2012年是人人享有可持续能源国际年，目的是普及现代可持续能源服务。在碳排放方面，私人能源部门是一个大问题，但同时它也是实现这一目标的关键。“绿色能源基金”可以通过减少现有排放和避免将来排放的方式加快全世界向可持续能源的转化。人们可以将“绿色能源基金”用于如下用途：

- 促进全球绿色经济的发展；
- 为所有人提供利用可持续能源的机会；
- 资助最不发达国家和小海岛国家的可持续发展；
- 创造一个“负碳”经济。

8.3.5 “绿色能源基金”可以显著加快可持续发展进程

“绿色能源基金”能够运用CDM解决我们当代的全球气候风险问题。自筹资金的同时，它可以通过为世界上最穷的地区提供清洁能源而促进发展。通过解决全球发展失衡问题，它会从根本上解决我们当代的全球环境危机问题，因为环境危机往往与极端贫困和人类的苦难密切联系在一起。“绿色能源基金”是以《京都议定书》和它独一无二的碳交易市场为基础的。碳交易市场以公平与效率为基础，是能够实现未来可持续发展的新型市场。

我们实现可持续发展的愿望就是建立一个“负碳”经济，一种驾车越多、生产越多、创造就业机会越多和利用电力越多而空气越清洁的经济。这在缩小全球贫富差距的同时还可以避免当前全球经济所面临的最坏的危机发生。这种愿景是全球经济也许还是人类物种生存的一线希望。

名词术语表

适应能力（Adaptive capacity）：一个国家或地区，包括一个组织机构，实施有效应对措施的能力。

分配（Allocation）：给温室气体排放者确定排放许可或额度，以建立排放权交易市场。许可或额度的分配可以遵循“祖父条款”和/或拍卖的方法。

附件一（Annex I）：指1992年作为经济合作与发展组织（OECD）成员的24个工业化国家和当时正从中央集权的计划经济向市场经济过渡的14个转型国家，包括前东欧国家。欧盟（EU）也在其中。随后，又有几个国家加入，所以，目前附件一共有41个国家（包括欧盟）。

附件二（II）：指附件一中除转型国家以外的国家。附件二国家负责分担发展中国家减排的一部分成本。

附件B（Annex B）：《京都议定书》的附件B列举了那些同意在2008～2012年间控制温室气体排放承诺的国家清单，包括OECD成员、中欧和东欧国家以及俄罗斯联邦。最新的附件B国家名单（2007）与附件一基本一致，土耳其除外。

东南亚国家联盟（The Association of Southeast Asian Nations, ASEAN）：1967年8月8日在曼谷成立，最初的成员国有5个：印度尼西亚、马来西亚、菲律宾、新加坡和泰国。文莱1984年加入，越南1995年加入，老挝和缅甸1997年加入，柬埔寨1999年加入。ASEAN宣言指出，联盟成立的宗旨是：(1) 促进区域经济增长、社会进步和文化发展；(2) 坚持正义和法治的国家关系准则，遵守联合国宪章，促进本地区的和平与稳定。

生物燃料（Biofuel）：来自植物物质的气体或液体燃料。原料来源包括木材、废木料、木浆、泥煤、木污泥、农业废弃物、桔秆、轮胎、鱼油、妥尔油、污泥废物、酒精废液、城市固体垃圾和填埋的废物气体。目前生物燃料的最常见形式是汽油中添加的乙醇。

“总量控制与交易”（Cap and trade）：“总量控制与交易”体系是一种排放权交易体系。在这一体系内部，总排放量是受限制的或者是有上限的。《京都议定书》在某种意义上就是一种“总量控制与交易”体系，附件B国家的排放总量是有上限的，多余的许可可以出售。

碳（Carbon）：构成所有有机化合物的一种基本的化学元素。当它燃烧的时候，它就转化为二氧化碳——1吨碳大约可以转化为2.5吨二氧化碳。

碳（二氧化碳）捕捉和储存［Carbon（dioxide）capture and storage，CCS］：是将二氧化碳从工业、能源和运输中分离出来并存储到一定的地点，使其长期脱离大气（如长期储存在油井或含水层中）。

二氧化碳（Carbon dioxide，CO_2）：一种自然存在的无色、无味的气体，是大气的常规组成部分。它是通过动植物的呼吸作用、腐烂或燃烧产生的。它也是来自如石油、天然气和煤炭等化石碳沉积以及工业过程的化石燃料燃烧的副产品。它吸收地球释放出来的热量，然后将热量带入大气，它因此被称为温室气体，它是潜在的气候变化的主要因素。它是当代气候科学建议削减的6种温室气体之一。其他温室气体根据二氧化碳的全球变暖潜力来度量，计为二氧化碳当量（CO_2e）。

碳中和（Carbon neutral）：是指计算排放量，尽可能地减少，然后抵销剩余的。它还可指代一种从源头上减少CO_2的自愿市场交易机制，而不是指气候政策（如私人家庭、航空运输等）。

碳固存（Carbon sequestration）：是指一种吸收二氧化碳以阻止它进入大气的过程。它可以被储存于地下（见CCS）或者储存于森林、土壤或海洋等碳汇之中。

碳税（Carbon tax）：通常指政府对利用含碳燃料征收的税种，也可以是对所有涉及碳排放的产品征收的一种税。

核证减排量（Certified Emission Reduction，CER）：由CDM项目产生的相当于1吨二氧化碳的信用或单位。《京都议定书》第十二条对此作了规定，《京都议定书》中的附件一国家可以将它视为满足它们的排放限制和减排承诺。

芝加哥气候交易所（Chicago Climate Exchange，CCX）：是北美唯一

的为排放源和抵销计划服务的自愿、合法的有约束力的温室气体（GHG）减排和贸易体系。CCX为6种温室气体提供独立的核证，并且2003年以来一直交易温室气体排放许可。参与交易的企业承诺，到2010年将其排放总量减少6%。

清洁发展机制（Clean Development Mechanism，CDM）：是《京都议定书》第十二条规定的机制，它允许《京都议定书》的附件一国家在发展中国家进行减排。

气候变化（Climate change）：是一个关于气候状态变化的名词，用于说明从一种气候条件向另外一种气候条件的显著变化。值得注意的是，UNFCCC在它的第一条中将气候变化定义为："指除在类似时期内所观测的气候的自然变异之外，由于人类活动直接或间接改变了地球大气的构成而造成的气候变化。"这样，UNFCCC就将因人类活动改变了大气构成而引发的气候变化同自然原因导致的气候变迁区分开来。

缔约方会议（Conference of the Parties，COP）：是UNFCCC的最高机构。

商品（Commodity）：一些可以买卖的有价值的东西，通常指产品或原材料（木材、小麦、咖啡、金属）。

能源效率（Energy efficiency）：指一种工业设备生产的有用产品与其所消耗的能源的比率，如一辆灌装机每千瓦·时可以运行的时间、每加仑汽油可使汽车行驶的英里数（mpg）。

欧洲联盟（European Union，EU）：是由主要位于欧洲的27个成员国组成的政治经济联盟。它是在先前存在的欧洲经济共同体（European Economic Community）的基础上根据《马斯特里赫特（Treaty of Maastricht）条约》于1993年11月1日成立。欧盟已经根据适用于所有成员国的标准的法律体系建成了统一的大市场，以保证人口、产品、服务和资本的自由流动。它主张共同的贸易政策、农业和渔业政策以及区域发展政策。

欧盟排放交易计划（European Union Emissions Trading Scheme，EU ETS）：是世界上最大的多国排放交易计划。目前它涉及了能源和工业部门的10 000多座装置，这些装置排放了欧盟近1/2的CO_2及40%的总温室气体。

框架公约（Framework Convention）：是为达成后续的补充协议（如议定书）提供决策和组织框架的公约。通常包含对一般性质的规定，其详细内容可以体现在后续的协议中。

“祖父条款”（Grandfathering）：指分配污染权的特殊方式。当按“祖父条款”分配排放权时，一般是根据现有排放者过去的排放水平或排放活动的某一比例为其分配许可。

国内生产总值（Gross Domestic Product，GDP）：指一个国家范围内以货币表现的所有产品和服务的价值。

七国集团（Group of Seven，G7）：现在为八国集团（Group of Eight，G8），见下面的定义。

八国集团（Group of Eight，G8）：前身为七国集团（Group of Seven，G7）。由世界上最大的几个经济体组成的非正式组织，它最初是为了应对20世纪70年代的石油危机和经济衰退而成立的。该集团包括法国、德国、意大利、英国、日本、加拿大、美国和俄罗斯。各国首脑每年都会晤一次，讨论如何应对全球经济面临的挑战。欧盟委员会主席和欧盟轮值主席国的首脑代表欧盟参加G8峰会，但是欧盟不参加正式的G8政治会谈。

77国集团和中国（Group of 77，G77/China）：气候谈判中的发展中国家组织，由130多个发展中国家组成。

东道国（Host Country）：指“联合履约”机制（Joint Implementation，JI）项目或CDM项目的发生地。只有被东道国批准的项目才能获得核证减排量（Certified Emission Reductions，CERs）。

政府间气候变化专门委员会（Intergovernmental Panel on Climate Change，IPCC）：世界气象组织（World Meteorological Organisation，WMO）及联合国环境规划署（United Nations Environmental Programme，UNEP）于1988年联合建立的政府间机构，其主要任务是评估和理解同全球气候变化及其潜在影响及适应与减缓对策有关的科学、技术和社会经济信息。它对联合国和世界气象组织的所有成员开放。该委员会吸收了世界上2 000多位气候专家，世界上绝大多数有关气候变化的事实及其未来变化趋势预测都来自IPCC的评估信息。

联合行动计划（Joint Initiative）：是《京都议定书》的机制之一，它允许附件一国家通过在其他发达国家（如东欧国家）实施减排计划进行减排。

“联合履约”机制（Joint Implementation，JI）：是关于一个附件B国

家将减排许可转让给另一个附件B国家的机制。

日本经济团体联合会的自愿行动计划（Keidanren Voluntary Action Plan）：是由日本商业联合会倡导的一项环境行动计划，旨在到2010年将燃料燃烧和工业生产排放的CO_2稳定在1990年的水平上。该计划是《日本京都议定书目标实现计划》（Kyoto protocol Target Achievement Plan of Japan）的组成部分，但还没有同政府达成确保实现该目标的协议。该计划没有向日本政府承诺此目标一定能实现。

《京都议定书》（Kyoto Protocol）：1997年在日本京都召开的第三次缔约方大会上通过。它规定了有法律约束力的减排指标，《联合国气候变化框架公约》所包括的减排指标除外。包括《京都议定书》附件B国家在内的所有国家同意在2008~2012年承诺期内将各自的人为温室气体（二氧化碳、甲烷、一氧化氮、氢氟烃、全氟化碳和六氧化硫）排放在1990年水平的基础上减少5%。《京都议定书》在2005年2月16日生效。

《蒙特利尔议定书》（Montreal Protocol）：全称为《蒙特利尔破坏臭氧层物质管制议定书》（Montreal Protocol on Substances that Deplete the Ozone Layer），1987年在蒙特利尔签署。之后分别于伦敦（1990）、哥本哈根（1992）、维也纳（1995）、蒙特利尔（1997）和北京（1999）得到修改与完善。它要求控制能够破坏臭氧层的含氟和含溴化学物质的生产与消费，如含氯氟烃、甲基氯仿、四氯化碳等。

新南威尔士温室气体减排市场（New South Wales Greenhouse Gas Abatement Market，NSW）：是最早的受管制的排放交易市场。新南威尔士是澳大利亚最老的也是最著名的州。新南威尔士温室气体减排计划是通过碳交易减少能源部门二氧化碳排放的州一级的减排计划。根据该计划，新南威尔士州的排放量不能超过它得到的按新南威尔州人均排放目标分配的份额。2003年的目标是8.65吨CO_2当量，2007年之前每年减少约3%，届时将减少到7.27吨CO_2当量。能源生产商的排放量超过得到的分配份额部分，可以通过购买参与该计划的其他厂商的新南威尔士温室气体减排证书（NGACS）来抵销，或者缴纳每吨11澳元的罚款。

非附件一国家（Non-Annex I）：通常指没有批准《联合国气候变化框架公约》的发展中国家。

《北美自由贸易协定》（North America Free Trade Agreement，NAFTA）：美国、墨西哥和加拿大三国于1992年签署的协定。它是一个几乎免除了三国之间贸易的所有关税和非关税壁垒的协定。

经济合作与发展组织（Organization for Economic Cooperation and Development，OECD）：是一个由世界上30个发达国家组成的国际组织。OECD为成员政府提供了一个比较政策经验、寻求共同问题的解决方案、确定好的惯例和协调国内、国际政策的平台。

区域温室气体行动计划（Regional Greenhouse Gas Initiative，RGGI）：是美国第一个以市场为基础的强制性温室气体减排计划。美国东北部和中大西洋10个州为它们的发电厂设定CO_2排放上限，到2018年使温室气体排放量减少10%。各州通过拍卖的形式出售排放许可，并通过提高能源效率、利用可再生能源和其他清洁能源技术提高消费者的投资收益。

再保险（Reinsurance）：指为保险公司保险。它是一些保险公司将承保的汽车、家庭和公司保险中的某些金融风险转移或让渡给其他的保险公司——再保险公司的一种保险方式。

碳库（Reservoir）：除大气以外的气候系统的一个组成部分，它具备储存、积累或释放二氧化碳（一种温室气体或一种前体）等关注物质的能力。海洋、土壤和森林都是很好的碳库。

碳池（Pool）：是碳库的同义词（注意，碳池通常包括大气）。一个碳库在特定时点上拥有关注物质的绝对数量称为碳储量。

资源（Resources）：指用于生产产品和服务的原材料、供应品、资金、设备、工厂、办公室、劳动力、管理和创业技能等，也包括支持生命和满足人类需要的物质，如空气、土地、水、矿物、化石燃料、森林和阳光。

碳汇（Sinks）：指能够吸收并储存大量二氧化碳的碳池或碳库。它通过土地管理、植树造林等活动从大气中清除温室气体（GHGs），使一国的排放水平减少到可接受的水平。

可持续发展（Sustainable development）：是指满足当代人的需要又不损害后代人满足其需要能力的发展。它最常用于经济方面，即指充分考虑经济活动的环境影响、建立在利用可替代的或可再生的不可枯竭资源基础上的经济发展。如环境友好型的经济活动（农业、森林采伐业和制造业等），能够持续生产商品而又不破坏生态系统（土壤、供水、生物多样性或其他环境资源）。

临界点（Tipping point）：一个系统过程发生突然或急剧变化的水平和程度，在一个生态系统、经济系统或其他系统中出现新的性质从而使在较低水平适用的数学预测无效的点或水平。

《联合国气候变化框架公约》（United Nations Framework Convention on Climate Change，UNFCCC）：1992年5月9日在纽约获得通过，1992年6月在巴西里约热内卢举行的“地球首脑会议”上由150多个国家和欧洲经济共同体签署。其宗旨是“将大气中温室气体的浓度稳定在防止气候系统受到威胁的人为干扰水平上”。它包括了所有缔约方的承诺。在该《公约》的框架下，附件一中的所有缔约方承诺到2000年将不受《蒙特利尔议定书》约束的温室气体排放降至1990年的水平。该《公约》在1994年3月生效。

参考文献

Ackerman F. , DeCanio S. J. , Howarth, R. B. , A. K. Sheeran. 2009. The Limitations of Integrated Assessment Models of Climate Change. Climatic Change, 95 (3 -4): 297 -315.

Ackerman F. , E. Stanton. 2008. The Costs of Climate Change: What We'll Pay if Climate Change Continues Unchecked. Available at http: //www. nrdc. org/globalwarming/cost/cost. pdf.

Ackerman F. , E. Stanton. 2006. Climate Change – The Costs of Inaction. Available at http: //www. foe. co. uk/resource/reports/econ_costs_cc. pdf.

Ackerman F. , L. Heinzerling. 2004. Priceless. The New Press.

Baumert K. A. , N. Kete. 2002. Will Developing Countries Carbon Emissions Swamp Global Emissions Reduction Efforts? World Resources Institute.

Biagini B. (ed.). 2000. Confronting Climate Change: Economic Priorities and Climate Protection in Developing Nations. Washington, DC: National Environmental Trust.

Black R. . 2008. Nature Loss "Dwarfs Bank Crisis" . BBC News, 10 October.

Boyce J. , M. Riddle. 2007. Cap and Rebate: How to Curb Global Warming While Protecting the Incomes of American Families. Political Economy Research Institute Working Paper, No. 150.

Bradshaw E. W. , C. Holzapfel. 2006. Perspectives Section, Science.

Bromley W. Daniel. 1992. Making the Commons Work, San Francisco, ICS Press.

Buckley Chris. 2008. China Report Warns of Greenhouse Gas Leap. Reuters

News Service, 22 October.

Campbell Warren. 2008. Reducing Carbon Capture and Storage: Assessing the Economics. McKinsey & Company, Available at http: //www. mckinsey. com/chent-service/ccsi/pdf/CCS_ ASsessing_ the_Economcs. pdf.

Chichilnisky Graciela. 2009a. Beyond the Global Divide: From Basic Needs to the Knowledge Revolution.

Chichilnisky Graciela (ed.). 2009. The Economics of Climate Change. Edward Elgar, Library of Critical Writings in Economics.

Chichilnisky Graciela. 2009c. Le Paradoxe des Marches Verts' Les Echos. http: // www. lesechos. fr/info/analyses/4822817-le-paradoxe-des-marches-verts. html.

Chichilnisky Graciela. 2008a. Energy Security, Economic Development and Climate Change: Short and Long Term Challenges. El Boletin Informativo Techint, No. 325: 53 –76.

Chichilnisky Graciela. 2008b. How to Restore the Stability and Health of the Economy. Available at http: //www. huffingtonpost. com/graciela-chichilnisky/its-the-mortgages-how-to_b_144376. html.

Chichilnisky Graciela. 1998. Economics Returns from the Biosphere. Nature, 391 (February 12): 629 –630.

Chichilnisky Graciela. 1997. Development and Global Finance: The Case for an International Bank for Environmental Settlements. Report No. 10. United Nations Development Program and the United Nations Educational Scientific and Cultural Organization.

Chichilnisky Graciela. 1996a. Markets with Endogenous Uncertainty. Theory and Policy's Theory and Decision. 41 (2): 91 –131.

Chichilnisky Graciela. 1996b. The Greening of Bretton Woods. Financial Times, 10 January.

Chichilnisky Graciela. 1995 –1996. The Economic Value of the Earth's Resources' Invited Perspectives Article. Trends in Ecology and Evolution (TREE). 135 –140.

Chichilnisky Graciela. 1994a. North – South Trade and the Global Environment. American Economic Review, 84 (4): 851 –874.

Chichilnisky Graciela. 1994b. The Trading of Carbon Emissions in Industrial and Developing Nations' in Jones (ed.) . The Economics of Climate Change, OECD Paris.

Chichilnisky Graciela. 1981. Terms of Trade and Domestic Distribution: Export Led Growth with Abundant Labor. Journal of Development Economics, 8 (2): 163 - 192.

Chichilnisky Graciela. 1977a. Economic Development and Efficiency Criteria in the Satisfaction of Basic Needs. Applied Mathematical Modeling, 1 (6): 290 - 297.

Chichilnisky Graciela. 1977b. Development Patterns and the International Order. Journal of Internation Affairs. 2 (1): 274 - 304.

Chichilnisky Graciela, P. Eisenberger. 2009. Energy Security, Economic Development and Global Warming. Addressing Short and Long Term Challenges. The Economics of Climate Change, Graciela Chichilnisky (ed.), Edward Elgar.

Chichilnisky Graciela, G. Heal. 2000. Environmental Markets: Equity and Efficiency. Columbia University Press.

Chichilnisky Graciela, G. Heal. 1995. Markets for Tradeable CO_2 Emissions Quotas: Principles and Practice. OECD Report, No. 153, OECD Paris.

Chichilnisky Graciela, G. Heal. 1994. Who Should Abate Carbon Emissions: An International Viewpoint. Economic Letters, 44 (4): 443 - 449.

Chichilnisky Graciela, G. Heal. 1993. Global Environmental Risks. Journal of Economic Perspectives, 7 (4) 65 - 86.

Chichilnisky Graciela, H. M. Wu. 2006. General Equilibrium with Endogenous Uncertainty and Default. Journal of Mathematical Economics, 42 (4): 499 - 524.

Eisenberger P., Cohen R., Chichilnisky Graciela, et al. 2009. Global Warming and Carbon-negative Technology: Prospects for a Lower-cost Route to a Lower-risk Atmosphere. Energy & Environment, 20 (6): 973 - 984.

DeCanio S. J. 2009. The Political Economy of Global Carbon Emissions Reduction. Ecological Economics, 68 (3): 915 - 924.

Eisenberger P., Chichilnisky Graciela. 2007. Reducing the Risk of Climate

Change While Producing Renewable Energy. Columbia University.

Estrada R. Oyuela. 2000. A Commentary on the Kyoto Protocol. In Environmental Markets: Equity and Efficiency, Graciela Chichilnisky and Geoffrey Heal (eds.).

Heal G. 2000. Valuing the Future. Columbia University Press.

Hourcade J. C., F. Ghersi. 2002. The Economics of a Lost Deal: Kyoto - The Hague - Marrakesh. The Energy Journal, 23 (3): 1 - 26.

International Energy Agency (IEA). 2008. Carbon Dioxide Capture and Storage: A Key Carbon Abatement Option.

Jones Nicola. 2008. Sucking Carbon Out of Air. Nature News, 17 December.

Jones Nicola. 2009. Sucking It Up. Nature, 458 (7242): 1094 - 1097.

Kurz W. A. Dymond C. C., Stinson G., et al. 2008. Mountain Pine Beetle and Forest Carbon Feedback to Climate Change. Nature, 452 (7190): 987 - 990.

McMichael A. J., Woodruff R. E., S. Hales. 2003. Climate Change and Human Health. World Health Organization.

Milanovic Branko. 2006. Global Income Inequality: A Review. World Economics, 7 (1): 131 - 157.

OECD. 2007. Ranking of the World's Cities Most Exposed to Coastal Flooding Today and in the Future. OECD Environment Working Paper, No. 1, OECD Paris. Available at http: www. oecd. org/dataoecd/16/10/39721444. pdf.

Pearce F. 2005. Climate Warning as Siberia Melts. New Scientist, 11 August.

Potter M. 2008. The Dawn of the Green Age Is Delayed. The Toronto Star, 28 October.

Ramsey P. Frank. 1928. A Mathematical Theory of Saving. Economic Journal, 38 (152): 543 - 449.

Rodrick Dan. 2006. Sea Change in the World Economy. Article Prepared for Techint Conference, 30 August, Techint Report.

Sheeran A. Kristen. 2006a. Who Should Abate Carbon Emissions: A Note. Environmental Resource Economics, 35 (2): 89 - 98.

Sheeran A. Kristen. 2006b. Side Payments or Exemptions: The Implications for Equitable and Efficient Climate Control. Eastern Economic Journal, 32 (2): 515 - 532.

Smith Adam. 1776. An Inquiry into the Nature and Causes of the Wealth of Nations.

Smith Lewis. 2008. Wildlife Gives Early Warning of "Deadly Dozen" Diseases Spread by Climate Change. Times (UK), 8 October.

Stern Nicholas. 2006. The Economics of Climate Change: The Stern Review. Available at: http: //www. hmtreasury. gov. uk/independent_reviews/stern_review_economics_climate_change/stern_review_report. cfm.

Sukhdev Pavan. 2006. The Economics of Ecosystems and Biodiversity. Available at: http: //ec. europa. eu/environment/nature/biodiversity/economics/index_en. htm.

Swiss Re Economic Research and Consulting. 2008. Natural Catastrophes and Manmade Disasters in 2007, Sigma No. 1.

Swiss Re Economic Research and Consulting. 2008. World Insurance 2007: Emerging Markets Leading the Way, Sigma No. 3.

Tollefson Jeff. 2008. Carbon Trading Market Has Uncertain Future. Nature, 452 (7187): 508 - 509.

Tyndall John. 1861. On the Absorption and Radiation of Heat by Gases and Vapors and on the Physical Connexion of Radiation Absorption and Conduction. Transactions of the Royal Society of London, 22 (146): 169 - 194. The Bakevian Lecture London: Taylor and Francis.

United Nations Environment Program (UNEP). 2008. Global Trends in Sustainable Energy Investment 2008. Available at: http: //sefi. unep. org/english/globaltrends. html.

United Nations Food and Agriculture Organization (FAO). 2006. Livestock's Long Shadow. Available at: http: //www. fao. org/docrep/010a0701e/a0701eoo. html.

United Nations. 1992. United Nations Framework Convention on Climate Change. Available at: http: //www2. onep. go. th/CDM/en/UNFCCCText_Eng.

pdf.

United Nations Intergovernmental Panel on Climate Change (IPCC). 2007. Climate Change 2007: Synthesis Report. Contribution of Working Groups Ⅰ, Ⅱ and Ⅲ to the Fourth Assessment Report of the Intergovernmental Panel on Climate Change, Pachauri R. K. and Reisinger A. (eds.).

United Nations. 1997. The Kyoto Protocol to the United Nations Framework Convention on Climate Change. Available at: http://unfccc.int/resource/docs/convkp/kpeng.pdf.

World Bank. 2006. State and Trends of the Carbon Market.

World Bank. 2007. State and Trends of the Carbon Market.

World Bank. 2008. World Development Indicators 2008.

Yardley William. 2007. Engulfed by Climate Change, Town Seeks Lifeline. New York Times, 27 May.

Zhang Z. 1999. Is China Taking Actions to Limit Greenhouse Gas Emissions? Past Evidence and Future Prospects. Promoting Development While Limiting Greenhouse Gas Emission: Trends and Baselines. Reid W. V. and Goldernberg J. (eds.). New York: UNDP and WRI.

图书在版编目（CIP）数据

拯救《京都议定书》/（美）齐切尔尼斯基（Chichilnisky，G.），（美）希尔瑞恩（Sheeran，K. A.）著；李秀敏，史桂芬译.—北京：经济科学出版社，2016. 2

书名原文：Saving Kyoto

ISBN 978 - 7 - 5141 - 6632 - 3

Ⅰ. ①拯… Ⅱ. ①齐…②希…③李…④史… Ⅲ. ①气候环境 - 国际合作 - 研究 Ⅳ. ①X21

中国版本图书馆 CIP 数据核字（2016）第 040796 号

责任编辑：杜　鹏
责任校对：杨　海
版式设计：齐　杰
责任印制：邱　天

拯救《京都议定书》

［美］格瑞希拉·齐切尔尼斯基（Graciela Chichilnisky）
克里斯坦·希尔瑞恩（Kristen A. Sheeran）　著
李秀敏　史桂芬　译
经济科学出版社出版、发行　新华书店经销
社址：北京市海淀区阜成路甲 28 号　邮编：100142
总编部电话：010 - 88191217　发行部电话：010 - 88191522
网址：www. esp. com. cn
电子邮件：esp_bj@ 163. com
天猫网店：经济科学出版社旗舰店
网址：http：//jjkxcbs. tmall. com
北京季蜂印刷有限公司印装
710 × 1000　16 开　11. 75 印张　210000 字
2017 年 3 月第 1 版　2017 年 3 月第 1 次印刷
印数：0001—3000 册
ISBN 978 - 7 - 5141 - 6632 - 3　定价：49. 00 元
（图书出现印装问题，本社负责调换。电话：010 - 88191510）